甲壳动物昼夜节律研究与应用

李应东　编著

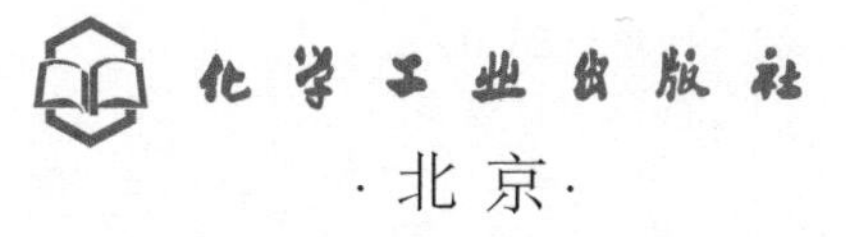

·北京·

内容简介

本书从时间生物学与昼夜节律的基础概念出发，由浅入深地探讨了甲壳动物昼夜节律的特征和分子机制，以及它对甲壳动物行为、代谢、免疫等方面的影响。通过对甲壳动物昼夜节律的系统解析，读者能够全面了解此类生物昼夜节律的基本原理，并能深入探讨其在生物学、养殖等领域的重要影响。本书适合作为水产养殖学和水生生物学等专业师生学习用书，也可供从事水产养殖和动物生产的科技工作者和养殖户参考。

图书在版编目（CIP）数据

甲壳动物昼夜节律研究与应用 / 李应东编著．北京：化学工业出版社，2024. 8. --ISBN 978-7-122-45908-4

Ⅰ. S966. 1

中国国家版本馆 CIP 数据核字第 2024XY6015 号

责任编辑：曹家鸿　邵桂林　刘　军　　　装帧设计：张　辉
责任校对：李露洁

出版发行：化学工业出版社
（北京市东城区青年湖南街 13 号　邮政编码 100011）
印　　装：北京机工印刷厂有限公司
710mm×1000mm　1/16　印张 10½　字数 161 千字
2024 年 7 月北京第 1 版第 1 次印刷

购书咨询：010-64518888　　　售后服务：010-64518899
网　　址：http: //www. cip. com. cn
凡购买本书，如有缺损质量问题，本社销售中心负责调换。

定　　价：88. 00 元

前言

PREFACE

探索生物的昼夜节律是一项充满魅力和激动人心的课题。这一领域涵盖了生物学、生物医学、生态学以及行为学等多个学科的交叉领域，引人入胜，令人着迷。许多研究已经致力于研究这些生物体表现出的不同类型的节律。尽管关于这个主题已有大量文献，但很少有关于水生生物的文献。

本书系统总结了甲壳动物昼夜节律研究的现状和进展，梳理甲壳动物昼夜节律的特征、分子机制以及其对行为、代谢、免疫等方面的影响的同时，探索其在生态系统和经济应用中的重要性，并将现代组学技术引入研究，旨在为研究人员和养殖业者提供关于甲壳动物昼夜节律研究的全面解读，并为昼夜节律管理在虾蟹养殖业中的实际应用提供前沿技术支持和指导。

本书共分为八章，第一章重点介绍了时间生物学与昼夜节律的基础知识。第二至第五章主要围绕甲壳动物的昼夜节律特征展开，包括昼夜节律对甲壳动物行为、代谢和免疫等方面的影响。第六章则重点探讨了昼夜节律与肠道微生物的关系，揭示了其对甲壳动物肠道微生物群落结构、功能以及生态意义的影响。第七章介绍了现代组学技术在甲壳动物昼夜节律研究中的应用，包括基因组学、转录组学、蛋白质组学、代谢组学和微生物组学等方面，以及如何有效设计昼夜节律实验和未来发展趋势。第八章着重探讨了昼夜节律在虾蟹养殖中的应用，涵盖了其在生长管理、成本管理、自动化智能化以及捕捞方面的多重应用及潜在益处，并展望了未来的研究和应用方向。

在本书的撰写过程中，沈阳农业大学研究生韩志斌、佘秋新、于畅越、张宝莉、徐英凯，以及大连海洋大学研究生张恒参与了甲壳动物的昼夜节律研究，他们的辛勤工作积累了大量宝贵的数据，为本书提供了坚实的基础。在此，衷心感谢他们对甲壳动物昼夜节律研究所做出的重要贡献。此外，作者研究团队的博士研究生胡男、硕士研究生梁书东、徐伟彬、李馨、赵鑫淼、金佳馨、李力松、张芷源、王斯邈、魏廷育、黄紫薇、胡雪晴、柴裕乔、曲多加、付春燕、张明超、张芷阁、王美璋等也为本书的完成做出了重要贡献，在此一并感谢。

由于作者水平有限，书中如有错误和疏漏之处，敬请各位专家和读者同仁批评指正！

李应东

2024年4月于沈阳

目录

CONTENTS

第一章 时间生物学与昼夜节律

第一节　时间生物学的研究历史

一、人类早期文化中对时间和生物节律的观察

自古以来，白昼和黑夜的自然循环引起了人类的关注，成为时间流逝的基本标志。对于早期人类而言，理解时间是解决一系列实际问题的基础。例如，时间的理解对于农业社会至关重要，因为它帮助人类确定种植和收获作物的最佳时期。通过观察季节变化，农民能够决定何时播种以及何时收割，以使食物产出最大化；对于狩猎采集社会，理解动物的迁徙模式、植物的生长周期和季节变化对于确保食物来源至关重要。时间观念帮助猎人决定何时追踪特定动物和何时采集特定植物。

许多早期文化将时间的循环与宗教仪式和节日相联系。例如，冬至、夏至以及春分和秋分常常是重要节日的日期，这些都基于对时间周期的理解。而对于早期的航海者和探险者来说，理解日月星辰的运动对于导航至关重要。通过观察天体的位置和运动，他们能够确定方向和纬度，从而在大海或广阔的陆地上找到方向。

时间观念对于管理社会活动、安排会议或仪式、制定法律和规定以及维持社会秩序都至关重要。通过共享时间观念，社群能够同步活动和庆祝。此外，随着交易和经济活动的发展，对时间的理解帮助人们安排市场以及其他交易活动的时间，从而促进了商业和经济的发展。

日出和日落不仅影响着农业活动，也影响人们的日常生活节奏，如工作、休息、饮食和社交活动的安排。可以说，早期人类对时间及其与生物节律的关系的观察和理解，在各个方面塑造了社会和文化的发展。通过观察和适应自然界的节律，早期文化在没有现代科技的帮助下，就能有效地管理农业、社会和宗教活动，展现了人类对自然规律深刻理解的能力。这种对时间的敏感性和对生物节律的应用，是人类文明进步的重要标志，体现了人与自然和谐共存的智慧。

二、时间生物学研究的启蒙

亚里士多德在其著作《动物史》中对动物睡眠和清醒状态的观察可能是科学界首次详细论述这一主题。他指出，所有红血动物，特别是那些具有腿的，都展现出睡眠和清醒的明显状态。更具体地，他注意到所有拥有眼睑的动物在睡眠时会闭眼，这一现象成为睡眠状态的一个可观察标志。亚里士多德进一步观察到，人类不是唯一能够做梦的生物。马、狗、牛以及绵羊和山羊等其他哺乳动物也能够做梦，例如狗可能会在梦中吠叫。然而，对于卵生动物，如鱼类、软体动物和甲壳类动物，虽然它们缺乏眼睑，但通过它们在休息时的静止状态可以推断它们也经历睡眠。亚里士多德的这些观察强调了睡眠是一种发生在动物身上的普遍现象，尽管具体的睡眠表现形式和梦境的存在可能因物种而异。

《动物史》中的这段描述不仅提高了我们对于亚里士多德对动物行为学贡献的认识，同时也深化了我们对于睡眠这一基本生理过程在不同生物中的普遍性和多样性的理解。通过亚里士多德的细致观察，我们可以看到即便是在古代，人们已经开始尝试理解和分类动物行为，包括睡眠和梦境，这些工作为后来的科学研究奠定了基础。

对亚里士多德所观察到的现象的探索直至2000多年后才迎来第一次实验尝试（第一次科学文献记载）。法国天文学家迈朗（Mairan）怀疑一些植物叶片的日常运动是否由光暗交替引起。他将含羞草藏在一个黑暗的橱柜里，发现即使没有光线，其叶子在白天仍呈开放状态。迈朗的观察是关于生物节律主题的每本教科书中的经典开始，这是因为这既是该领域已知的第一个实验，也揭示了第一个基本概念，具有普遍的有效性。

事实上杜哈梅尔（Duhamel）于1758年在一个温度和湿度可能是恒定的黑暗洞穴中研究了叶片运动。随后的100年间，时间生物学的研究完全被对植物“睡眠运动”的研究所主导。直到19世中期，“迈朗现象”在动物中得到证实，由维也纳生理学家基塞尔（Kiesel）在蛾的视网膜色素日常迁移和辛普森和加尔布雷斯（Simpson and Galbraith）在松鼠猴的体温节律中得到证实。随后，达尔文（Darwin）对生物体各种运动的时间规律进行了观察和描述，证明了生物体的新陈代谢、细胞分裂增生以及机体的衰老死亡都遵循特定的时间规律，按照一定的进程和规律持续进行。继而，更多的科学家开始关注人体内的生理节律。例如，在1866年，威廉·奥格尔（William Ogle）对人体的体温节律进行了研究，而到了1881年，法国科学家扎德克（Zadek）第一次描述了血压节律，发现一个人的血压在早晨较低，而在下午则较高。

总的来说，生命活动呈现出的周期性变化，即生物节律现象早在古代就引起了人们的兴趣。19世纪以前，时间生物学仅处于初期发展阶段，并没有像其他学科那样快速蓬勃的发展并形成独立的学科体系，这主要是由于：第一，在早期，对于时间生物学的概念和方法可能还不够成熟。科学家可能缺乏一致的理论框架和明确定义的研究方法，使得研究难以展开；第二，时间生物学涉及多个学科，包括生物学、物理学、化学、数学等，需要跨学科的合作。缺乏足够的合作可能导致研究受到学科壁垒的限制，难以得到综合性的理解和创新；第三，早期的社会观念可能未能充分重视时间生物学的重要性，导致研究资金和支持相对较少。此外科研环境的不利条件可能使得科学家在时间生物学方面的研究受到限制。

尽管这类研究大多处于初级阶段，但其对生物节律普遍性和内在性的揭示，以及对人类健康意义的探索，为后续的科学发展奠定了坚实的基础，展现了生物节律研究的长远价值和潜力。

第二节　时间生物学和生物节律研究的扩展与深化

时间生物学领域自进入20世纪开始，经历了显著的发展，可以大致分为早期、中期和后期三个阶段。

一、早期阶段（1900-1940年）

科学家们开始注意到生物体内部存在某种“生物钟”，能够控制睡眠-觉醒周期、迁徙、生殖等行为。并且发现在恒定环境中，生命活动仍然存在昼夜节律，提示可能是内源性的。并通过对大鼠的研究，证实了昼夜变化的生物节律是内源性的，揭示了神经中枢部位的生物钟学说。这一时期，多项研究揭示了生物节律对于理解生物行为和生理功能的重要性，逐渐形成了一个新兴的学科领域。为了促进这一领域的研究和国际间的学术交流，一些科学家和研究者成立了专门的学术机构，即国际生物节律研究会。这个组织的目标是聚集世界各地对生物节律感兴趣的科学家，共享研究成果，推动这一领域的发展。但由于第二次世界大战的爆发，这一新兴学科的发展受到了阻碍。

二、中期阶段（1950-1970年）

20世纪50年代后，时间生物学迎来了辉煌时期。现代科学技术和电子工程技术的发展为时间生物学的崛起提供了有力支持。弗兰茨·哈尔伯格（Franz Halberg）在哈佛大学的博士后研究中偶然发现生物节律的存在，提出了“昼夜节律”（circadian rhythms）一词，标志着现代生物钟研究的正式开始。后来，他在美国明尼苏达大学创建了现代时间生物学实验室，主要研究生物内部时间机制如何调节生物体的日常生理活动，并提出了余弦法等研究方法，将时间生物学推向了新的高度。哈尔伯格的研究方法和理论为现代时间生物学的建立奠定了基础。通过这个实验室的培养，一大批杰出的现代时间生物学家崭露头角，推动了时间生物学的发展。

这个阶段是时间生物学和生物节律研究的快速发展期。科学家们通过更加精细和系统的实验，开始揭示生物节律的分子和遗传基础。生物钟的分子机制研究取得了重大进展，尤其是在遗传调控方面的研究。这个时期，科学家们还发现了多种生物体（包括动物、植物和微生物）的生物节律，证实了这是一种普遍存在的现象。因此，哈尔伯格也因其卓越贡献被尊称为现代时间生物学之父。时间生物学的研究受到了美国国家科学院、美国国家科学基金会等的关注和重视，美国国家科学基金会在多个大学建立了时间生物学研究实验室。近日钟基因的研究和近日节律产生机制的研究成果在权威杂志上广泛报道，吸引了全球学术界的广泛关注。生物节律研究在现代时间生物学中的地位愈发凸显，被认为是近年可能取得重大突破的领域。

值得一提的是，在1957年，美国著名生态学家科勒（Cole）发表了一篇引人注目的文章，标题为《独角兽的生物钟》，这篇文章不同寻常地出现在了声誉卓著的科学期刊《科学》上。这一发表作品通过了严格的同行评审过程，展现了其严谨的学术态度。此篇文章的发表，凸显了科学探究的多样性和创新精神，同时也体现了当时主流科学家们对于非传统研究主题的开放性。《独角兽的生物钟》不仅吸引了广泛的读者关注，也可能激发了科学家对于生物节律研究领域的兴趣，尤其是在探索科学与神话之间可能存在的创意联系方面。通过这样的研究，Cole 及其团队展示了科学探索的边界是如何被不断推进的，同时也提醒我们，科学研究有时候需要跳出常规，采取大胆的假设和创新的方法。

在一系列开创性的研究中，布朗（Brown）描述了从完整动物到植物片段的广泛生物体中日常生物活动的节律，包括老鼠的活动、小提琴蟹的颜色变化、土豆片的氧气吸收，以及海洋软体动物和藻类的氧气消耗等。这些研究发现，即使在严格控制的实验室条件下，这些生物体仍然展现出规律的节律模式，指示着内部时钟的存在和作用。

他的研究提出了一个重要的科学辩论，即这些生物节律是由内部生理过程（即生物钟）控制，还是受到外部环境变量的影响，如地球磁场的变化、大气压力的日夜波动，以及宇宙射线的影响。布朗的工作开辟了生物钟研究的新领域，特别是在理解生物节律与环境因素之间相互作用的复杂性方面。他的研究提醒科学界，生物体内的时钟不仅仅是独立运行的系统，还可能受到外部环境因素的微妙影响。

这段历史性的探索不仅扩展了我们对生物内在节律的理解，而且还挑战了科学家们对环境变量与生物体内时钟如何相互作用的认识。布朗及其同事的工作揭示了生物节律研究的复杂性和多维度，为后续的研究人员提供了一个研究生物内部时间机制与外界环境如何协同作用的丰富框架。

三、后期阶段（1980-2000 年）

到了 20 世纪的最后几十年，时间生物学和生物节律的研究进入了一个新的高潮。随着分子生物学和遗传学技术的飞速发展，科学家们开始在分子层面上解析控制生物节律的具体基因和蛋白质。1984 年，杰弗里 · 霍尔（Jeffrey C Hall）和迈克尔 · 拉斯巴什（Michael Rosbash）发现了果蝇中控制昼夜节律的“周期”（*Period*）基因，这是第一个被发现的控制生物节律的基因，为后来的研究奠定了基础。此外，科学家们还发现了光周期感应、温度感应等环境因素如何影响生物节律，进一步揭示了生物钟如何调节生物体与外部环境的同步。

总的来说，20世纪的时间生物学和生物节律研究从最初的观察和描述，逐步深入到分子和遗传机制的探索，形成了一个多层次、跨学科的研究领域。这一领域的发展不仅增进了我们对生命现象的理解，也为医学、农业、环境科学等多个领域的应用提供了基础。

第三节　时间生物学和节律的基础概念

一、时间生物学

时间生物学是生物学的一个领域，研究生物体的循环现象及其对太阳和月球相关节律的适应。这些周期被称为生物节律，最著名的是日节律、年节律和月节律。时间生物学是研究生物体对时间的感知、调控和适应的学科，而昼夜节律则是时间生物学领域中的重要概念，涉及生物体对24h周期性变化的适应性和调节机制。

二、生物节律

生物节律是由体内生物钟调节的一系列身体功能，它们控制睡眠和觉醒、体温、激素分泌等周期。生物体通过分子水平上的各种化学物质来维持其生物节律，以响应环境变化。如光照、饮食习惯和其他环境因素可以维持或扰乱生物节律，进而导致严重的健康问题。

三、昼夜节律

昼夜节律是指生物体在24h周期内经历的身体、心理和行为变化，这一生物钟的节律是由光明和黑暗的交替所驱动。然而，除了光照变化之外，食物摄入、压力、体力活动、社会环境和温度等因素也在昼夜节律的形成和调控中发挥着关键作用。这种生物节律在动物、植物和微生物中普遍存在，为它们适应日常昼夜循环提供了内在的时间感知和调整机制。根据节律振荡的周期长度不同，还可以被分为短于24h的超日节律和长于28h的亚日节律。

四、季节节律

季节节律是生物体在季节变化中表现出的周期性律动。这种律动通常与地球的公转和倾斜角度变化有关，导致气候、光照和其他环境条件发生周期性变化。季节节律在动植物中都表现为一系列与季节相关的生理和行为变化，包括动物的繁殖、迁徙冬眠和夏眠等行为，以及植物的开花、落叶、萌发和果实成熟等。

五、生物钟

生物钟是指调控生物节律的内在机制，能够使生物体在没有外部时间提示的情况下仍然保持一定的节律。生物钟有助于生物适应环境的周期性变化。

六、时间失调

时间失调是指生物体内部的昼夜节律与其所处环境的自然光暗周期之间的失同步。具体来说，这种失同步发生在生物体的内部生物钟所生成的节律与外部环境因素（如光照模式）或社会活动模式不一致时，导致内部生理过程和行为节律与环境周期不匹配。时间失调可以是由于人为因素（如夜班工作、跨时区旅行导致的时差反应）或环境变化（如季节变化中日照时间的改变）引起的。长期的昼夜节律失调被认为与多种健康问题相关联，包括睡眠障碍、代谢紊乱、心血管疾病、情绪障碍及某些类型的癌症。在学术研究中，对时间失调的探讨强调了维持昼夜节律同步化在维护个体健康和福祉中的重要性。

七、昼夜节律同步化

昼夜节律同步化是指生物内部昼夜节律与外部环境周期（如地球的 24h 光暗循环）之间的相互调整和同步。这一过程通过生物体内的时钟基因和蛋白质的复杂分子网络实现，使得生物的生理和行为节律能够精确地与环境的周期变化对齐。同步化机制确保了生物体的内部时间系统与其生活环境的日夜变化保持一致，从而优化生物体的生存和繁衍策略。

目前的研究表明，通过温度变化、食物摄取、社会互动等环境提示，生物体的内部时钟能够被校准，以适应地球自转带来的环境周期变化。昼夜节律同步化的概念在理解生物体如何维持其内部时钟与外部世界同步中扮演关键角色。失去同步化，如在昼夜节律失调情况下，可能导致一系列生理和心理健康问题，强调了同步化在促进生物体整体健康和适应性中的重要性。因此，研究昼夜节律同步化的机制对于开发治疗相关疾病的策略具有重要意义。

第四节　昼夜节律的基本特征及对生物的影响

昼夜节律，作为生命节奏的基石，构成了生物体自身对地球自转周期的一种适应机制。这些内在的时间机制，精确地调节着生物从微观细胞到宏观行为的方方面面，影响着睡眠、觉醒、饮食、代谢以及许多其他生理过程。在自然界的广袤舞台上，昼夜节律如同一位无形的指挥，引导着生物体与环境之间的和谐互动。其基本特征不仅揭示了生物体内对时间感知与调控的复杂机制，也为理解生物如何适应地球环境变化提供了关键视角。随着科学技术的发展，科学家们对昼夜节律的认识不断深化，这不仅增强了对生命现象的理解，也为改善人类健康、优化生活方式提供了实际指导。

一、昼夜节律的基本特征

（一）自持性

法国天文学家迈朗早在18世纪初期就观察到并揭示了生物节律的一个关键特征——它们的自持性。这意味着即使在缺少外部环境的光暗周期等时间信号的条件下，生物体内的节律仍然能够持续运行。这种在恒定条件下（如持续光照或持续黑暗中）持续表达的昼夜节律被称为“自由运行”状态。这表明生物体内部存在一种计时机制或生物钟，独立于外部环境变化。尽管存在关于地球绕轴旋转可能引入的其他未控制周期性线索对节律性的影响的假设，但昼夜节律的自持性特征和其微妙的周期变化表明，内部时钟机制在调节生物节律中起主导作用。

（二）近24h周期性

昼夜节律的第二特征是它具有近似24h周期性，昼夜节律的周期通常接近但不完全等于24h。德国生理学家艾许夫（Aschoff）和他的团队观察了人类在没有外部时间线索的情况下的行为模式，例如在没有自然光照或是在地下掩体中生活的条件下的睡眠-觉醒周期、体温变化等仍然表现出了大约24h的节律，这证明了生物节律的自持性和近24h的周期性。同时期的英裔美国科学家皮登觉（Pittendrigh）对果蝇昼夜节律的研究同样证明了即使在完全隔离的条件下，果蝇的活动-休息周期也保持了大约24h的周期性。皮登觉的工作不仅证明了昼夜节律的存在，而且对于理解这些节律如何通过生物体内的分子机制来调节也做出了重要贡献。

这一特性反映了生物节律的内在性质，并表明即使在完全不受外部环境变化影响的条件下，生物体内部的时钟也能维持其周期性运行。如果昼夜节律完全由外部因素驱动，它们的周期将严格同步于24h。然而，实际观察到的轻微偏差强调了内部时钟系统的灵活性和自适应性。

（三）可遗传调控性

德国生物学家博宁（Bünning）在20世纪30年代将节律周期分别为23h和26h的两种多花菜豆进行杂交，发现F_1代植株的节律周期主要分布于两个亲本之间（约为25h），而F_2代群体中出现了部分与亲本周期相似的植株。该结果首次证明内源生物钟调控的近日节律性状是可以独立遗传的，该研究结果初步确立了生物节律的遗传学基础。

值得一提的是，鉴于博宁、艾许夫和皮登觉3位学者在时间生物学领域的开创性贡献，他们被尊称为“时间生物学奠基人”。

（四）可被环境因素同步

昼夜节律的第三个特征性质是它们可以被外部时间信号同步。尽管昼夜节律具有自持性，它们还可以通过外部时间信号，如光暗循环进行同步或校准。这意味着生物体的内部节律可以与环境中的周期性变化对齐，确保生物行为和生理过程与外部世界保持同步。例如，在跨越时区的旅行后，生物体的内部节律会逐渐调整以匹配新环境的光暗周期。这种调整过程可以通过两种方式之一发生：通过调节周期的速率（周期缩短或延长以与新的时间信号对齐）或通过离散的“重置”事件。研究表明，生物体对光的反应（即周期的提前、延后或保持不变）取决于光暴露发生在周期的哪个阶段，这种现象可以通过相位-响应曲线来描述。相位-响应曲线展示了光暴露对生物体内部时钟相位变化的影响，为理解和预测生物体如何对环境光暗周期的变化以及非标准光周期进行调节提供了重要工具。

这些特征共同定义了昼夜节律的基本本质，揭示了内部生物钟如何调节生物体与其环境间的复杂相互作用，以优化生存和适应性。

二、昼夜节律对生物的影响

昼夜节律是大自然中一种神奇的节拍器，深刻影响着地球上大多数生物的生命活动。这种内在的时钟不仅仅是对环境变化的简单反应，而是一种预先调节的能力，使生物能够预测环境中即将发生的变化，并相应地调整其生物学过程。

（一）睡眠模式

人体的睡眠-觉醒周期是昼夜节律最直观的体现之一。夜幕降临时，我们体内的褪黑素水平上升，像是大自然向我们发送的“睡眠邀请函”，引导身体进入梦乡。而当晨光破晓，褪黑素分泌减少，身体便被自然的闹钟叫醒，准备迎接新的一天。这个过程不仅是对光暗变化的反应，更是对黎明到来的预测和准备。

（二）荷尔蒙释放

昼夜节律还指挥着一支无形的“荷尔蒙乐队”，在不同时间演奏不同的曲目。肾上腺素、皮质醇和生长激素等荷尔蒙的分泌按照这个内在节拍器的指挥，调节我们的能量水平、压力反应和生长过程。

（三）食欲和消化

昼夜节律对人类的食欲和消化能力也有着微妙的影响。它告诉我们何时应该吃饭，何时最好休息。正如一些人在夜深人静时会感到饥饿，而另一些人则在日出时分胃口大开。这不仅关乎文化习惯，更是生物钟的巧妙安排，确保我们的能量摄入和消耗保持最佳平衡。

（四）温度

就像地球每天的温度变化，我们的体温也在昼夜节律的控制下呈现波动。白天，随着活动增加，体温略升高；夜晚，随着身体进入休息状态，体温自然下降。这种微妙的变化不仅影响着我们的舒适感，也是机体健康运行的重要组成部分。

然而当缺乏光照或潮汐等外源时间线索时，许多生物仍然表现出一定的昼夜节律，这表明这些生物的昼夜节律是由内源生物时钟生成的。然而，有关这些生物的内源生物时钟如何调控昼夜节律，以及调控的分子机制的神秘面纱仍然未被揭开。然而，在过去30年左右的时间里，分子遗传学这一强大方法揭示了细胞昼夜节律时钟的分子基础，这与18世纪发展起来的精密时钟一样复杂而美丽。

第五节 昼夜节律的分子机制

在过去的几十年里，科学家们一直在探索昼夜节律这一现象背后的分子机制，努力揭开生物钟如何调节生物体内部过程以适应外部环境变化的秘密。2017年，这一领域的研究达到了里程碑式的成就：美国科学家杰弗里·霍尔（Jeffrey C Hall）、迈克尔·拉斯巴什（Michael Rosbash）和迈克尔·杨（Michael W Young）因为他们在昼夜节律分子机制研究方面的开创性工作被授予诺贝尔生理学或医学奖（图1-1）。他们的研究揭示了控制昼

图1-1 2017年诺贝尔生理学或医学奖获得者：杰弗里·霍尔（Jeffrey C. Hall）、迈克尔·罗斯巴什（Michael Rosbash）以及迈克尔·扬（Michael W. Young）

夜节律的分子机制，特别是发现了控制生物体昼夜节律的基因，为理解生物体如何内在地调节其生理和行为节奏提供了基础。

这些科学家的工作揭示了生物钟不仅是存在于我们体内的抽象概念，而且是由一系列具体的分子事件和基因表达周期所驱动。他们发现的基因和由这些基因编码的蛋白质通过一个复杂的反馈循环，形成了约 24h 周期的内部时钟，确保了生物体能够与地球的自然节律同步。这一发现不仅增进了人类对生命科学的理解，也为治疗与昼夜节律失调相关的疾病提供了可能的新策略，如季节性情感障碍、睡眠障碍等。

随着对昼夜节律分子机制更深入的探索，科学家们开始意识到，生物钟的影响远远超出了调节睡眠和觉醒周期那么简单。它触及到生物体的每一个角落，从细胞代谢、荷尔蒙分泌到认知功能和情绪调节，昼夜节律无处不在。因此，对于昼夜节律的分子机制的研究不仅是生物学领域的一大进展，也是对人类健康和福祉的深远贡献。

一、基因和蛋白质的周期性表达

基因和蛋白质的周期性表达是昼夜节律分子机制核心的一个重要特征。这个机制涉及一系列精细调控的分子事件，这些事件使得特定的基因在一天之中的固定时间间隔被激活或抑制，同时，这些基因编码的蛋白质的合成与降解也遵循明显的周期性变化。主要的生物钟基因包括 *Clock*、*Bmal1*、*Period* 和 *Cryptochrome*。这些基因及其编码的蛋白质通过相互作用，形成了昼夜节律的核心调控网络。

（1）*Clock*　*Clock* 基因编码的蛋白质是维持生物节律的关键因素之一。Clock 蛋白质在细胞核内与 Bmal1 蛋白质结合，形成一个异源二聚体，这个复合体直接参与启动下游时钟基因的表达。

（2）*Bmal1*　*Bmal1* 基因编码的蛋白质与 Clock 蛋白形成的异源二聚体能够绑定到特定 DNA 序列（E-boxes）上，促进包括 *Period* 和 *Cryptochrome* 基因在内的时钟基因的转录。

（3）*Period* 基因家族　*Period* 基因编码的蛋白质是昼夜节律调控中的另一关键组成部分。*Period* 蛋白在特定时间点被 Clock-Bmal1 复合体激活，其表达水平的周期性变化对于生物节律的维持至关重要。

（4）*Cryptochrome* 基因家族　*Cryptochrome* 基因编码的蛋白质与 Period蛋白相互作用，共同参与负反馈回路，抑制Clock-Bmal1复合体的活性，从而调控自身及其他时钟基因的表达。

昼夜节律的分子基础建立在一套内部的正反馈和负反馈回路之上。这些回路确保了时钟基因及其编码蛋白质的表达与活性能够在大约24h的周期内波动，形成稳定的内部时钟。

二、正、负反馈回路

昼夜节律的分子机制的另一个核心特征是存在一系列复杂的正反馈和负反馈回路，这些回路在保持和调节生物体内部约24h周期的节律中起着核心作用。这些机制不仅确保了内部时钟的准确性和稳定性，而且还允许生物体对环境变化做出适应。

（1）正反馈回路　正反馈回路在昼夜节律中较少，但它们在推动时钟基因表达方面发挥作用，帮助增强或稳定节律的生成。如*Clock*和*Bmal1*基因编码的蛋白质互相作用，形成一个异源二聚体。这个复合体能够绑定到包括*Period*和*Cryptochrome*基因在内的多个时钟基因的启动子区域，促进这些基因的转录。随着*Period*和*Cryptochrome* mRNA的合成，它们被翻译成蛋白质，并在细胞质中积累。

（2）负反馈回路　负反馈回路是昼夜节律调控中最重要的机制，它们负责维持周期性并防止过度反应。如Period和Cryptochrome蛋白质随后进入细胞核，并与Clock-Bmal1复合体互作，抑制其对*Period*和*Cryptochrome*基因的激活作用。这种负反馈机制导致*Period*和*Cryptochrome*基因表达的下降，从而形成了周期性的表达模式。此外，Period和Cryptochrome蛋白质的稳定性和活性还受到多种后翻译修饰的调控，如磷酸化、泛素化等。这些修饰进一步细化了负反馈回路，通过调节蛋白质的降解速率来影响其在细胞内的浓度，从而调控昼夜节律的周期性。

三、生物钟的组织和细胞分布

昼夜节律的调控始于特定“钟基因”的周期性激活与抑制，其存在和功能不仅局限于特定的器官，而是广泛分布于多种细胞和组织中。这种广泛的分布使得生物钟能够在整个生物体中协调各种生理和行为过程，确保它们与环境的日夜周期同步。

（一）中枢生物钟

（1）松果体　在人类和其他哺乳动物中，生物钟系统的中枢位于大脑中，特别是位于下丘脑的松果体。松果体通过分泌褪黑激素，在光照变化的影响下调节睡眠-觉醒周期，是昼夜节律的关键调节中心。

（2）视交叉上核（SCN）　视交叉上核位于下丘脑，被认为是哺乳动物生物钟的主要位置。SCN 接收来自视网膜的光信号，调控不同的生理和行为节律，包括睡眠模式、体温、荷尔蒙分泌等。SCN 通过神经和体液途径与身体其他部分建立联系，协调全身的节律活动。

（二）外周生物钟

（1）肝脏　肝脏的昼夜节律调控新陈代谢相关基因的表达，影响葡萄糖代谢、脂肪酸合成和解毒过程。这表明肝脏在适应食物摄入的日夜变化中发挥关键作用。

（2）心脏　心脏也表现出昼夜节律，其节律性变化影响心率、血压和心血管事件的风险。

（3）肌肉　肌肉的昼夜节律影响肌肉修复、生长和代谢过程。肌肉力量和耐力在一天中的不同时间点可能会有所不同，这与肌肉内生物钟的作用有关。

（4）胰腺　胰腺在控制血糖水平中起重要作用，其生物钟调控胰岛素的分泌，影响葡萄糖的稳态和代谢。

（5）皮肤　皮肤的昼夜节律影响细胞增殖、修复和皮肤屏障的功能。例如，皮肤的再生和修复过程主要在夜间发生。

（三）细胞层面的生物钟

几乎所有体细胞都具有内置的昼夜节律机制，这些机制通过调节特定基因的表达来影响细胞的功能和行为。细胞内的生物钟通过相同的分子机制（例如 *Clock*、*Bmal1*、*Period* 和 *Cryptochrome* 基因的表达和反馈回路）调节，这一机制在细胞水平上协调了细胞代谢、DNA 修复、细胞周期等重要过程。

第二章

甲壳动物的昼夜节律特征

甲壳动物，包括常见的虾和蟹等种类，在生态系统中扮演着重要的角色。它们不仅对环境变化极为敏感，而且展示出复杂的昼夜（包括超昼夜和亚昼夜）节律行为和生理反应，从而适应不断变化的自然环境。这些生物通常在日落时分变得更加活跃，展开一系列关键的社交和生存活动，如探索、觅食和交配。在实验室的控制条件下，甲壳动物在缺乏外部光照的黑暗环境中也能展现出自发性的活动模式。这种内在的昼夜节律性影响着它们的多个生理活动，包括运动能力、孵化时机、感官敏感度、体色变化、心率以及某些代谢过程。特别要指出的是，这些功能的活跃阶段呈现出可预测性，而且不同生理节律之间保持着固定的相位关系。此外，昼夜节律还与潮汐节律及周期更长的生理过程（如蜕皮周期）相互作用，协同调节甲壳动物的行为和生理功能。

本章将深入探讨在恒定条件下常见虾、蟹等甲壳动物的节律特征、昼夜节律起搏器的识别和定位，以及眼柄和神经节等器官参与昼夜调控的分子机制。

第一节　甲壳动物的地位与重要性

一、甲壳动物的起源

甲壳动物，这一多样化的生物群体，拥有着悠久而复杂的进化历史，其起源可以追溯到寒武纪早期，约 5 亿多年前。这个时期，标志着生物大爆发的开始，生命形式在相对短的地质时间内经历了快速的多样化和复杂化。甲壳动物作为最早期的多细胞生物之一，其早期祖先可能是一种简单的多毛类生物，这些生物逐渐演化出了硬壳覆盖的身体，为其在海洋中的生存提供了保护。随着时间的推移，甲壳动物演化出了多种形态和生态策略，从而在古代海洋生态系统中占据了重要的地位。化石记录显示，早期的甲壳动物如三叶虫，已经具备了复杂的身体结构和分化明显的生态位，这些都是其能够适应不同环境并成功生存至今的关键因素。

随着对甲壳动物化石和现存种类的深入研究，科学家们逐渐揭示了它们丰富的物种多样性和复杂的进化历程。甲壳动物不仅在形态上展现出惊人的多样性，从微小的浮游生物到巨大的深海螃蟹，还在生态功能上扮演着多种角色，如捕食者、食物来源和环境工程师。这种多样性的背后，是甲壳动物对环境变化的高度适应性和进化的灵活性。分子生物学的进展为理解甲壳动物的进化提供了新的工具，通过比较基因组学和系统发育分析，研究者能够追踪甲壳动物祖先的足迹，揭示其进化树的分支和转折点。这些研究不仅丰富了我们对甲壳动物及其与地球生物多样性历史的认识，也为进一步探索生命演化的普遍规律提供了宝贵的资料。

二、甲壳动物的多样性

甲壳动物的多样性是其最引人注目的特征之一，展现了生物进化过程中的复杂性和多样性。当前有 67000 多个已经被发现的物种，这个数字仅是冰山一角，随着科学探索的深入，新物种的发现持续增加。这些物种分布于地球的各种水域环境中，从深海的无光区域到热带珊瑚礁，从寒冷的极地海域到淡水河流和湖泊，甚至是极端的盐度环境。甲壳动物在形态结构上展现出极大的变异，体型从几毫米的浮游性桡足类（0.1mm）到几米宽的巨型螃蟹（3.8m），体形多样，适应了不同的生态位和生存策略。这种多样性不仅体现在外观上，也反映在其生活史、繁殖方式、摄食习性和生态功能上，使得甲壳动物在海洋和淡水生态系统中扮演着关键角色。

在甲壳动物的演化过程中，其多样性的形成受到多种生物学和环境因素的共同影响。生物地理分布、生态位分化以及物种间的相互作用是推动甲壳动物多样性的主要驱动力。随着地质时期的变迁和生态系统的演化，甲壳动物展现出了极高的适应性和进化灵活性，通过形态和功能的多样化来应对环境的挑战。例如，一些甲壳动物演化出了复杂的社会行为，如同步孵化和集体迁移；一些则发展了特化的摄食器官来利用特定的食物资源。此外，与特定环境因素的共适应也促进了甲壳动物在特定生态系统中的物种分化和多样性增加，如与珊瑚礁共生的甲壳动物种类繁多，体现了与特定生态系统共同进化的结果。

科学研究在不断深化我们对甲壳动物多样性及其生态和进化意义的理解。分子生物学和基因组学技术的应用，使研究者能够在遗传水平上解析物种间的关系，揭示隐藏的物种多样性和复杂的进化历史。此外，环境 DNA（eDNA）技术的发展为监测和评估甲壳动物的生物多样性提供了新的方法，这些方法不仅提高了物种识别的准确性和效率，也为保护生物多样性和生态系统管理提供了重要的工具。

三、甲壳动物分类学的研究现状

甲壳动物分类学的研究现状是一个充满活力和不断进展的领域，其研究成果对于理解生物多样性、生态系统功能和进化生物学具有重要意义。传统上，甲壳动物的分类依赖于形态学特征，如体型、外骨骼的构造和附肢的形态。这种方法在过去几个世纪里为甲壳动物的分类学和系统发育研究奠定了基础。然而，形态学特征有时可能因为生物的生态适应性和趋同演化而变得模糊不清，这给准确分类和理解物种之间的进化关系带来了挑战。

近年来，分子生物学技术的发展极大地推进了甲壳动物分类学的研究，特别是 DNA 条形码和全基因组测序技术的应用，为甲壳动物的精确鉴定和系统发育分析提供了新的工具。通过比较不同物种间的遗传信息，科学家们能够揭示更加细致和精确的进化关系，甚至发现了之前未被识别的物种。这种基于分子生物学的方法不仅增强了对甲壳动物多样性的理解，也帮助解决了一些长期存在的分类上的争议，揭示了复杂的物种分化过程和进化历史。

尽管分子技术在甲壳动物分类学中的应用取得了显著进展，但也面临着一些挑战和限制。例如，高质量的基因组数据的获取需要昂贵的测序成本，且对一些稀有或难以采集的物种而言，样本的获取极具挑战。此外，分子数据的解读需要依赖于复杂的生物信息学工具和算法，这要求研究者具备跨学科的知识和技能。未来的研究需要在提高测序效率、降低成本和发展更加先进的分析方法上取得进展，以便更好地利用分子数据推动甲壳动物分类学的发展。同时，整合形态学和分子数据的综合分类方法将是解决复杂分类问题、揭示物种多样性和进化关系的关键。

四、甲壳动物的生态意义

甲壳动物在水域生态系统中扮演着至关重要的角色，它们的生态意义可以从多个层面进行探讨。

（一）生态系统中的能量流动和物质循环

甲壳动物在水域生态系统中的能量流动和物质循环中发挥着不可或缺的作用。这些生物不仅是多个生态系统中关键的生产者和消费者，还通过其生活活动影响着生态系统的结构和功能。以虾蟹类为例，在食物链中，虾蟹类既是其他捕食者的食物来源，也是捕食小型甲壳动物、浮游生物和底栖生物的重要力量。这样的双重角色使得它们在转移能量和物质方面扮演着桥梁的作用，将能量从较低的营养级有效地传递到较高的营养级，从而维持了水域生态系统能量流动的连续性和稳定性。

从物质循环的角度看，虾蟹类在促进生物地球化学循环，特别是碳、氮和磷循环中具有重要作用。通过摄食、消化和排泄活动，它们促进了有机物的降解和养分的释放，加速了底栖和水柱生态系统中养分的再矿化过程。此外，一些种类的虾蟹通过挖掘底泥、改变沉积物的物理化学性质，进一步促进了养分交换和水质净化，影响着整个生态系统的养分平衡和生产力。

此外，虾蟹类还参与了海洋和淡水生态系统中碳的封存和转移过程。通过其广泛的食物网关系和生物量，虾蟹类在全球碳循环中起到了桥梁和调节器的作用。例如，深海的螯虾通过其日夜垂直迁移行为，将表层水体中的碳带入深海，有助于深海碳的长期封存，从而对抵御全球变暖和调节地球气候系统发挥着潜在的作用。

（二）生态系统塑造

甲壳动物在生态系统工程方面的意义体现在它们对生态环境的直接和间接影响，特别是在改造生境、维持生态平衡和促进生物多样性方面的作用。一方面，某些穴居型甲壳动物如中华绒螯蟹（*Eriocheir sinensis*）等，通过其挖掘行为在河床、海床或沼泽地中创建复杂的洞穴和隧道系统。这种物理改造不仅为自身提供避难所和繁殖场所，同时增加了生态系统的空间复杂性，为其他生物如小型鱼类和无脊椎动物提供栖息地，从而增加了生物多样性和生态位的异质性。这种影响在沿海和河口生态系统中尤为明显，甲壳动物通过改变沉积物结构和水流模式，对生态系统功能和服务产生长远影响。

此外，甲壳动物在生态系统中的角色还包括作为生物控制的工具，帮助管理和调控害虫种群。例如，越南和其他东南亚国家使用桡足类控制登革热传播。登革热是由蚊子传播的一种疾病，严重威胁着公共健康。通过在水中释放桡足类，可减少蚊子幼虫的数量，从而控制蚊子种群的增长，有效降低登革热的传播风险。通过这些自然过程，甲壳动物提供了一种生态友好的方法来解决环境和公共卫生问题，减少了对化学农药的依赖。在这一过程中，甲壳动物不仅展现了其在生态系统中的多功能性，也体现了生态系统管理中“自然解决方案”的概念，强调了保护和恢复甲壳动物种群对维持生态系统健康和人类福祉的重要性。

此外，甲壳动物还在生物多样性维持和生态系统健康的监测方面显示出了独特的价值。由于它们对环境变化敏感，特定甲壳动物种群的变化常被用作环境健康和生态变化的指示器。例如，水质污染和气候变化对甲壳动物生命周期和分布的影响，可以提供有关生态系统压力和变化的重要信息。因此，对甲壳动物的研究不仅增进了我们对生态系统功能和生物多样性保护的理解，也对制定环境管理政策和维持生态系统服务提供了科学依据。通过深入研究甲壳动物在生态系统中的角色和功能，我们能够更好地理解生态系统的复杂相互作用，为生物多样性保护和生态系统管理提供重要的见解和策略。

五、甲壳动物的经济意义

甲壳动物在全球渔业经济中的角色十分显著，尤其是虾和蟹等种类，它们不仅为人类提供了珍贵的蛋白质资源，也成为国际贸易中的热门商品。特别是，各种品种的对虾和龙虾在全球市场上享有极高的需求。这些甲壳动物的养殖和捕捞业已经成为许多国家经济的支柱产业，尤其是在亚洲。中国、印度、泰国和越南是对虾养殖的主要国家，而美洲的加拿大和美国则是龙虾捕捞的重要国家。这些活动不仅带来了显著的经济收益，每年贡献数十亿美元的直接收入，同时也为沿海地区提供了大量的就业机会，包括捕捞、养殖、加工和销售等环节，直接和间接地支撑了数百万人的生计。

除经济价值之外，甲壳动物产业的发展还带来了一系列的社会和环境影响。正面效应包括促进沿海地区的经济发展和社会稳定，提高渔民和养殖户的生活水平。然而，也存在一些挑战，如过度捕捞导致某些野生甲壳动物种群的下降，以及养殖业对环境的负面影响，包括水质污染、生态系统破坏和外来物种入侵等。因此，实现甲壳动物渔业的可持续发展，需要平衡经济效益和环境保护，这要求政策制定者、产业参与者和环保组织共同努力，采取科学的管理措施和环保的养殖技术。

在医药研究和生物技术方面，甲壳动物也显示出了巨大的潜力。特别是它们的外骨骼中富含的几丁质，这是一种天然多糖，已被广泛应用于制药、食品、农业和生物医学材料等领域。几丁质及其衍生物几丁聚糖因具有生物相容性、生物可降解性和非毒性等特性，被用于伤口愈合材料、药物传递系统和组织工程支架等。此外，甲壳动物体内的特定化合物，如抗生素和抗癌物质，也成了新药开发的重要来源，对于推动医药科学的进步具有重要意义。

第二节　甲壳动物的昼夜节律现象

地球的自转带来了昼夜的交替，形成了昼夜节律，这对几乎所有生物活动产生了深远影响。对甲壳类动物来说，这种节律不仅构成了它们内在生物钟的基础，也影响了它们的生理和行为模式的调节。尤其是那些栖息在光照变化剧烈的潮间带的甲壳类动物，它们的生存、行为习惯和生理周期紧密地依赖于昼夜节律的规律性。这一周期性的环境因素控制着它们的关键生命过程。

实际上，昼夜节律对这些动物来说不仅是时间的标记，更是一个生态信号，指导它们何时行动。例如，许多种类的甲壳动物在夜间更加活跃，利用低光条件进行觅食和避免天敌，这种行为模式有助于增加生存机会和繁殖成功率。此外，昼夜节律还控制着蜕皮周期，这对于甲壳动物的生长至关重要，因为它们需要定期脱去外骨骼以适应体型的增大。繁殖活动，如配对和产卵，同样受到昼夜节律的影响，很多甲壳动物倾向于在特定的光周期条件下进行这些活动，以提高幼体的存活率。这种精细调控揭示了自然选择如何塑造生物以适应其环境，确保了它们在不断变化的自然界中成功生存。

尽管甲壳类动物群体在物种上极其丰富和多样化，但关于它们昼夜节律的详细数据主要来源于十足目（如虾、蟹等）物种的研究。这些研究揭示了甲壳动物昼夜节律的复杂性和多样性，不同种类和生活在不同环境中的甲壳动物展现出不同的节律模式。例如，一些种类表现出明显的夜间活动性，而其他种类则可能在白天更活跃或显示出与光照条件无关的行为模式。

有关于昼夜节律在甲壳动物生理机制中的作用，以及这些节律是如何通过内部时钟机制与外部环境因素（如光照和潮汐）相互作用来调节的研究目前尚处于起步阶段。了解这些机制不仅对于揭示甲壳动物的生态和进化策略具有重要意义，也有助于我们更好地理解生物节律在整个生物界中的普遍作用和调控机理。此外，这些知识对于渔业管理和保护生物多样性也具有实际应用价值，特别是在应对气候变化和人为干扰日益增加的当前环境下。

一、昼夜节律对体内激素的影响

昼夜节律对生物体内激素水平的影响，揭示了环境光周期与内分泌调节之间的复杂互动。在甲壳动物中，昼夜节律不仅调节行为模式，如觅食、繁殖和蜕皮，还通过影响体内激素水平来调控这些生理过程。这些激素包括，但不限于生长激素、蜕皮激素和生殖激素，它们在甲壳动物的生长发育和繁殖中起着至关重要的作用。

昼夜节律通过影响蜕皮激素的分泌来调控甲壳动物的生长周期。蜕皮激素（Ecdysone）水平的周期性变化直接关联到蜕皮和生长周期，其分泌峰值通常在夜间出现，这与甲壳动物在夜间活动性增加和生理准备进行蜕皮的行为相吻合。这种激素调节机制确保了甲壳动物可以在最佳时间进行蜕皮，最大限度地减少捕食风险。

生殖行为和激素水平的昼夜节律变化也是甲壳动物适应性策略的一部分。例如，许多甲壳动物种类在特定的季节和昼夜时段内展示出生殖活动的高峰，这与生殖激素的循环分泌密切相关。这种激素的周期性变化调节着性腺的成熟和配子的产生，从而确保了生殖活动能够在最适宜的环境条件下进行，增加繁殖成功率。

此外，昼夜节律对甲壳动物的应激反应和代谢也有显著影响。皮质醇等应激激素的分泌模式受到昼夜节律的影响，影响个体的应激反应、能量代谢和免疫反应。在日间和夜间不同的光照条件下，这些激素水平的变化反映了甲壳动物为了适应环境变化而进行的生理调节。

总体来说，昼夜节律对甲壳动物体内激素水平的影响体现了这一群体复杂的生理调节机制，使得它们能够优化生长、繁殖和生存策略。这些机制的深入理解不仅能够提高我们对甲壳动物生物学的认识，也对养殖业的管理实践和野生种群的保护策略提供了科学依据。

二、昼夜节律对运动模式的影响

甲壳类动物在适应环境时展现出精细调节的昼夜活动模式，滨蟹（*Carcinus maenas*）是研究中的一个典型例子。在低潮时，滨蟹会寻找庇护所避难，而在高潮时，则展现出显著的活动性，特别是当其栖息地被水淹没时。这种昼夜活动模式即使在恒定的实验室条件下也能保持潮汐节律和昼夜节律两种稳定的节律模式。这两种模式不仅在周期性上有所不同，在其他方面也有所区别。如滨蟹的潮汐节律并不像昼夜节律那样持久，即在几天后，潮汐节律主导的运动模式通常会从潮汐节律转变为明显的昼夜节律。与昼夜节律相比，潮汐节律受多种调节因素影响，而且它们的相位响应曲线并不像典型昼夜节律那样清晰。

但有趣的是，即便是原本只表现昼夜节律的滨蟹，通过一定的外界刺激，也可再次激发出潮汐节律。因此，早期的研究表明，滨蟹中存在昼夜和潮汐周期的基本振荡器。基于这一发现，有人提出了一个假设：滨蟹体内是否存在着独立的昼夜和潮汐周期的基本振荡器？这个假设在随后的研究得到证实，在冬季采集的只表现昼夜节律的螃蟹中，可以在低盐度条件下诱导出潮汐节律，并且这种诱导的节律受到潮汐节律的调控，而昼夜节律的相位则不受低盐度的影响。这些研究结果，再加上早期的实验证据表明，通过温度休克可以操纵滨蟹的运动节律，都表明了滨蟹的运动节律控制可能涉及至少两种不同的生理机制。

克氏原螯虾（*Procambarus clarkii*）的昼夜活动节律展现出双峰模式，即在光照开始和结束时活动性增加，尤其是在光照消失后活动性达到最高。这种模式即使在持续的暗环境中也能持续存在。通过将不同日龄的克氏原螯虾分成四组，分别观察它们在不同光周期条件下的运动活动昼夜节律特征。结果显示，所有日龄段都表现出昼夜节律，随着日龄增长，昼夜节律出现的概率也在增加。除了滨蟹和克氏原螯虾外，对虾类也是昼夜节律研究的常见对象。特别是对于具有商业价值的物种，如中华绒螯蟹，其蜕皮和繁殖活动的节律已有详细的记录。

此外，甲壳类动物在黄昏或昏暗环境中的活动，尤其是昼夜垂直迁移(DVM)，在生态学上具有重要意义。这一现象在许多海洋和淡水环境中的小型浮游甲壳动物中被广泛研究，包括无节幼体、桡足类、磷虾和淡水微型甲壳动物如枝角类动物。除了垂直迁移，一些甲壳动物如穴居糠虾也表现出昼夜水平迁移（DHM），对光照变化表现出一定的敏感性。

三、昼夜节律对体色变化的影响

昼夜节律对甲壳动物体色变化的影响是适应性进化的一个精彩示例，展现了这些生物如何通过改变体色以更好地适应环境变化和生存需求。在甲壳动物中，体色变化不仅是伪装和保护的重要手段，也是调节生理过程和社交行为的关键因素。这种变化通常由体内特殊的色素细胞控制，这些细胞能够响应光照等环境因素和内部激素的调节，进而改变色素颗粒的分布，导致体色的变化。

昼夜节律通过调节色素细胞内部的信号传递过程，影响甲壳动物的体色变化。例如，招潮蟹在白天往往展现出较深的体色，以减少太阳辐射带来的热量吸收并提高隐蔽性。而到了夜间，它们的体色则会变浅，这有助于在月光或微弱光线下更好地进行社交活动和觅食。这种色素颜色的变化，是由招潮蟹体内特殊色素细胞中色素颗粒的聚集与分散所驱动。光照是控制这一过程的关键外部因素，但招潮蟹体内的生物钟同样在调控这一节律性变化中发挥着作用。这表明，招潮蟹在漫长的进化过程中，已经形成了一套复杂的机制，以调节其体色，以应对不同的环境挑战和生存需求。

进一步的研究表明，昼夜色素颜色变化不仅影响招潮蟹的生理生态，如热量调节和掠食风险管理，还可能影响其社会行为，包括领地争夺、求偶行为和种群内的社会互动。这种体色变化的能力，加上招潮蟹对光照变化的敏感反应，使得它们成为研究生物节律、色素生物学和动物行为学交叉领域的理想模型。

第三节 甲壳动物昼夜节律的细胞基础

与其他生物相似，甲壳类动物的昼夜节律是建立在一系列复杂的细胞基础之上，保证了甲壳类动物能够有效地适应其生态环境并生存下来。这一节主要探讨这些机制的细胞基础，包括激素的作用、视觉系统的调节，以及相关分子信号途径的参与。这一整合的系统使甲壳类动物能够精准地调整其生理和行为，以响应昼夜循环带来的环境变化。

一、激素的调节作用

（一）小分子神经肽

在十足目甲壳动物中，眼柄不仅是视觉传感的中心，也是重要的神经肽和小分子调节剂（如血清素和褪黑激素）的制造与分泌场所，这些分子在调节昼夜节律中发挥关键作用。X器官-窦腺（XO-SG）复合体是多种神经肽，包括甲壳类高血糖激素（crustacean hyperglycemic hormone，CHH）的主要分泌器官。CHH及其相关肽如蜕皮抑制激素（molt-inhibiting hormone，MIH）、性腺抑制激素（gonad-inhibting hormone）和大颚器抑制激素（mandibularorgan-inhibiting hormone）等，参与调控甲壳类动物的多种生理功能，包括运动节律、色素分布和眼睛的敏感性。

1. 甲壳类高血糖激素（CHH）

CHH的分泌显示出明显的昼夜节律变化，与甲壳动物的碳水化合物代谢密切相关，进而影响血糖水平的昼夜节律变化。其生产和分泌受到复杂的神经网络调控，涉及来自眼柄神经节以及大脑的多重输入。XO-SG复合体中的CHH神经肽在特定的昼夜时段内表现出节律性的释放模式，由光照条件驱动，显示了其在同步内部生物钟与外界环境之间的重要作用。此外，研究表明CHH含量在眼柄神经节中显示双峰昼夜节律，与甲壳类动物活动高峰期同步，进一步强调了CHH在调节甲壳动物昼夜节律中的关键作用。

2. 色素分散激素（PDH）

PDH在甲壳动物体内扮演着多重重要角色，主要涉及视网膜色素细胞中远端色素颗粒的分散、外皮色素细胞的色素分散，以及对生理反应和复眼直接敏感性的调节。PDH的这些作用体现了其在甲壳动物视觉适应和昼夜节律调节中的关键地位。PDH亚家族的肽由72～73个氨基酸组成，显示出较高的物种间序列相似性，其多样性和特异性的生物活性揭示了PDH在甲壳动物生理中的复杂作用。

PDH的生产主要在XO-SG复合体中进行，与其他一些神经肽如CHH的产地不同。PDH通过神经血管窦腺直接释放到眼动脉中，参与了调节甲壳动物色素分布的昼夜节律变化。此外，PDH 在甲壳动物中的表达和功能显示出明显的节律性，与环境光照条件紧密相关，反映了其在同步内部生物钟与外界环境之间的作用。

PDH 在调节甲壳动物昼夜节律中的作用不仅限于视网膜的光适应，还涉及调节碳水化合物代谢和影响眼柄电生理反应的复杂机制。PDH 的不同亚型在眼柄内不同部位的分布和功能，以及其与其他神经元的相互作用，揭示了甲壳动物内部时钟系统的复杂性。尽管 PDH 的确切作用机制和生理效应仍需进一步研究，但其在调节甲壳动物生理节律和适应环境变化中的核心作用已经显现。通过深入研究 PDH 及其相关神经元网络，我们可以更好地理解甲壳动物如何通过精细调控生物节律以适应昼夜交替的环境。

（二）血清素

血清素（5-羟色胺，5-HT）是一种普遍存在于无脊椎动物和脊椎动物中的神经递质，对甲壳类动物昼夜节律调节具有重要影响。在甲壳类动物中，血清素通过特定的生物合成途径从氨基酸 L-色氨酸生成，并在中枢神经系统的多个部位，包括眼柄、大脑以及视网膜中发挥作用，影响包括攻击行为、视网膜色素分散，以及 ERG 振幅在内的多种生理反应。

血清素参与调节的昼夜节律包括视网膜的色素分散、ERG 反应的调整，以及影响碳水化合物代谢的血清素水平的昼夜波动。这些调节作用归功于血清素能够影响感光细胞中色素颗粒的位置，从而调整视网膜对光的敏感性。此外，血清素受体的浓度在眼柄和大脑中呈现昼夜节律变化，进一步证明了血清素系统在同步内部生物钟与外界环境变化之间的关键作用。

研究表明，血清素通过其在眼柄中的分泌和作用，特别是与视网膜神经节膜系统中的受体相互作用，调节甲壳动物对光的反应和昼夜活动模式。血清素诱导的 CHH 释放进一步调控了血淋巴中的葡萄糖水平，显示了血清素在维持生物节律中的多功能性。这种复杂的调节机制，包括血清素对眼柄神经元的神经元间和旁分泌作用，凸显了血清素及其受体在调控甲壳动物昼夜节律中的重要性，尤其是在适应环境光变化和维持生理节律同步方面。

（三）褪黑激素

褪黑激素是一种在真核生物中普遍存在的分子，对于调节生物钟和睡眠-觉醒周期至关重要。在哺乳动物中，褪黑激素的合成包括两个关键步骤：首先，血清素通过芳香族氨基酸 N-乙酰基转移酶（AA-NAT）的作用被乙酰化成 N-乙酰基-血清素（NAS），随后经由羟基吲哚-O-甲基转移酶（HI-OMT）的作用 O-甲基化成褪黑激素。

在甲壳动物上，血清素在视觉系统中的作用已经得到研究，但对于是否有额外的 5-HT 神经元参与褪黑激素的进一步合成，目前还未有明确证据。通过使用放射免疫分析（RIA）和高效液相色谱（HPLC）等方法，研究人员在甲壳动物的大脑和眼柄中检测到了褪黑激素，揭示了其含量的昼夜变化，这表明褪黑激素在调节甲壳动物昼夜节律中起到了重要作用。

在罗氏沼虾（*Macrobrachium rosenbergii*）中的研究表明，尽管持续光照条件下 AA-NAT（一种褪黑激素的前体合成酶）的含量没有显著变化，但褪黑激素的水平在一天中呈现显著的昼夜节律，白天时段达到最低点，而夜间则升至最高点。招潮蟹展现出类似的节律模式，其中眼柄中的褪黑激素水平在光照中段达到峰值，而 AA-NAT 在深夜达到峰值。在持续的黑暗环境中，褪黑激素和 AA-NAT 的水平分别在白天和深夜出现双峰变化，显示出复杂的节律模式。

此外，在持续光照条件下，AA-NAT 的变化模式与褪黑激素的节律相反，其中 AA-NAT 的变化期较长，而褪黑激素的水平则在相同条件下显著升高。这种现象在河口蟹（*Neohelice capsulata*）中也得到了观察，其眼柄中褪黑激素含量在明暗交替中间点展现出两个昼夜峰值，但这种模式仅在持续黑暗中维持，而在持续光照下消失。

尽管关于褪黑激素对甲壳类动物影响的研究仍然相对有限，但已知褪黑激素在调节抗氧化防御系统和运动肌控制等方面发挥作用。这表明褪黑激素可能在甲壳类动物的生理调节中扮演着重要角色，尤其是在抵御氧化压力和维持能量代谢平衡方面。进一步研究褪黑激素在甲壳类动物中的作用，尤其是其在昼夜节律调节中的具体机制，将有助于深入理解这一保守分子在不同生物体中的多功能性和作用机制。

在克氏原螯虾中，褪黑激素对视网膜电图（ERG）振幅的影响表明了其在调节昼夜节律中的重要作用。研究发现，褪黑激素能够剂量依赖性地调节 ERG 振幅，其效果随着一天中的不同时间而变化。具体而言，褪黑激素能够增加 ERG 振幅，这种作用与色素分散激素（PDH）产生的效果相反。通过重复注射褪黑激素，可以调整 ERG 的相位，实现与环境光周期的同步。单次注射根据给药时间的不同，也能够提前或延迟 ERG 的相位。特别是在白天，间隔 2h 进行注射时，褪黑激素对 ERG 振幅的增加效果更为显著。

这一调节作用很可能是通过 MT2 样褪黑激素受体来实现的，相关的药理学研究支持了这一假设。此外，褪黑激素的注射还可能影响甲壳动物的昼夜节律运动活动和肌肉活动，甚至在某些情况下导致运动模式的逆转。这表明褪黑激素在调节甲壳动物生理活动中扮演着复杂而多面的角色。电生理学研究进一步揭示了褪黑激素如何通过神经调节机制发挥作用，例如增强肌肉接头处的突触传递或调节腿部伸展肌的活动。这些发现强调了褪黑激素在调整克氏原螯虾等甲壳动物昼夜节律以及与环境光周期同步中的重要性，为进一步探索褪黑激素在甲壳动物生理调节中的作用提供了新的视角。

二、感光细胞和视觉系统

甲壳动物的视觉系统，尤其是眼柄中的视叶和相关的神经结构，对于昼夜节律的调节至关重要。光是昼夜节律的主要外部同步信号，通过视觉系统的接收和处理，转换成影响生物钟的内部信号。视网膜感光细胞的活动，以及视网膜背后的神经网络中的信号传递，都参与了对环境光周期变化的感应和生物钟的调节。

1. 视网膜

甲壳类动物的视网膜构造是其与其他节肢动物共享的重要进化特征之一，尤其在昆虫和甲壳类动物中表现为复眼的视网膜元件。这些视网膜元件包括由角质层衍生的角膜和四光透镜装置，以及八个（在大多数物种中）感光细胞和周围的非神经色素细胞，共同促进甲壳类动物根据环境光条件动态调整视觉感应。由于甲壳类动物的眼睛作为昼夜节律调节的光传感器，它们能够精准地适应地球光暗阶段的变化，尤其在黎明和黄昏时分对光输入进行灵敏的检测和调整。

视网膜色素的迁移及其适应性功能对于甲壳类动物来说至关重要，以便于其视网膜正确地检测和响应光照变化。主要通过小眼中三组细胞元件的活动实现：光感受器本身的增益调节、动向感光细胞内的近端色素和远端色素的迁移。这些色素的分布调节能够限制横向肌中的光暴露，并在暗阶段优化光子捕获。研究表明，甲壳类动物眼睛的绝对敏感度主要通过色素的分布来调节，从而允许感光细胞在不同光相期间调整其对光的敏感度。

视网膜电图（ERG）变化揭示了甲壳类动物眼睛对昼夜节律变化的敏感性。ERG代表视网膜细胞的光诱发总电位，其振幅的昼夜节律变化证实了网状细胞对弱光的复杂适应性调节是由内源性振荡器驱动的。然而，具体如何在分子水平上实现这种适应性调节，以及ERG节律在多大程度上受到神经介质控制（例如神经肽和神经递质）的影响，仍然是未知的。这一发现强调了视网膜在甲壳类动物昼夜节律中的关键作用，特别是在光感受器敏感性的自主调节方面，为深入理解视网膜如何适应环境光条件变化提供了重要的生物学见解。

2. 眼柄

在十足目甲壳类动物中，眼柄承担着重要的感觉和调节功能，这一结构不仅包含视觉神经节或神经纤维，如神经节层、外髓质、内髓（即小叶）以及终髓，而且还是一些重要小分子调节剂的生成和释放场所。终髓实际上是大脑外侧的一部分，与昼夜节律的调节密切相关。眼柄内的神经肽、血清素和褪黑激素等小分子调节剂在昼夜节律调节中起到关键作用，它们影响甲壳类动物的运动节律、色素分布以及眼睛的敏感性。这些调节剂的作用体现了复杂的生物节律调控网络，其中眼柄的神经节构成了这一网络的重要部分。

眼柄神经节内的神经分泌主要归因于构造精细的神经分泌性XO-SG复合体。大部分十足目X器官的体细胞通常位于终髓的前外侧皮层，紧邻半椭圆体，而窦腺体则通常位于外髓和内髓之间的内侧边缘附近。这些区域通过轴突与XO-SG复合体及其他神经元的末端相连，形成一个复杂的神经网络，其末端围绕眼大动脉的腔隙排列。这种结构安排使得XO-SG复合体可以将神经肽等调节分子有效地释放到血淋巴中，参与调节甲壳类动物的多种生理过程。

第四节　甲壳动物昼夜节律的分子基础

一、时钟基因的起源

昼夜节律的调控是遗传控制的核心过程，影响着动物、植物、真菌和细菌等多个生物群体的行为和生理活动。这一生物钟系统通过所谓的“时钟基因”进行编码，这些基因的突变可以显著改变生物的行为模式。昼夜节律本质上是一种自我调节的遗传机制，通过特定基因产物的周期性积累和降解来形成内部的分子振荡器。虽然这一机制如何实现整体的24h周期性仍有待揭示，但它对于生物体的时间感知和活动安排至关重要。

在动物界中，分子时钟通过控制输出基因的表达，来调节身体各细胞和器官的功能和活性。这一过程是通过一个中央和外围时钟网络的层次结构来实现的，其中专用的神经元群体负责昼夜节律行为的控制，并将时间信息传递到体内的其他时钟和器官。动物的分子昼夜节律时钟核心是基于转录-翻译反馈回路（TTFL），这一循环大约需要24h来完成。尽管不同生物中构成时钟起搏器的具体组件有所不同，但许多负责生成昼夜节律的机制在进化上较保守。

研究昼夜节律的分子基础主要依靠模型生物，如果蝇（*Drosophila melanogaster*）的昼夜节律系统是目前研究得最为透彻的。2011年，首个甲壳类动物基因组——蚤状溞（*Daphnia pulex*）的基因组公布。这一资源对于改变我们对甲壳类动物的昼夜节律生物学知识起到了重要作用，因为它与果蝇已知序列结合，使得首次从甲壳类动物中鉴定出了完整的时钟基因/蛋白质集合。有趣的是，与果蝇不同，蚤状溞昼夜节律系统包括 *Cryptochrome* 2 基因/蛋白质（cry2/CRY2），该基因在果蝇中已经不存在，但在通常被认为是更为原始的节律系统中存在，例如在帝王蝶（*Danaus plexippus*）的节律系统。在节肢动物这类生物的节律系统中，光敏感的CRY2属于核心时钟调控蛋白，其主要作用是抑制由CLOCK-CYCLE异二聚体介导的转录本。

随着对蚤状溞昼夜节律时钟基因和蛋白的鉴定，越来越多的学者开展了其他甲壳动物的研究。并迅速确定了飞马哲水蚤（*Calanus finmarchicus*）的昼夜节律系统。通过参照果蝇的蛋白质作为模板，对新组装的哲水蚤转录组进行了数据挖掘，寻找同源转录本/蛋白质。此外，通过计算机分析对可能产生自哲水蚤时钟系统的荷尔蒙输出的分子机制进行了表征，例如肽前体蛋白、胺类和可扩散气体传递物质生物合成酶。与哲水蚤的昼夜节律系统类似，推测哲水蚤类甲壳动物昼夜节律振荡器也包括CRY2，这表明许多甲壳类动物的生物钟可能属于祖先类型，更类似于哲水蚤的生物钟，而不是果蝇中的衍生生物钟，这对我们理解生物钟的进化和多样性提供了重要的见解和启示。

近年来，随着下一代测序技术成本的下降，更多关于甲壳类动物昼夜节律的数据被发现。这些研究不仅包括了核心时钟基因的鉴定，还包括了节律性转录的分析。此外，昼夜节律在甲壳类动物中的研究也涉及了蛋白质相互作用的分析，如南极磷虾（*Euphausia superba*）的研究，以及组织特异性时钟组件的鉴定，如美国龙虾（*Homarus americanus*）。这些进展展示了昼夜节律研究领域的快速发展，同时也突显了这一领域的复杂性和跨物种的普适性。

二、甲壳动物时钟基因的种类

随着测序技术和分子生物学技术的进步，甲壳类动物时钟基因的研究现状已显著扩大。例如针对挪威海螯虾（*Nephrops norvegicus*）的研究，对眼柄转录组进行了测序和注释，识别出典型的时钟基因同源物，如 *Period*、*Timeless*、*Clock* 和 *Bmal1*。这项研究对于了解甲壳类动物的昼夜节律生物学至关重要，与果蝇等其他节肢动物相比，甲壳类动物的研究相对较少。这些研究强调了时钟基因在调节节律行为中的重要性，为甲壳类动物昼夜节律系统的分子机制提供了见解。

1. *Clock* 基因

在甲壳类动物中，与昆虫时钟基因同源的 *Clock* 基因产物，最早在罗氏沼虾中完整克隆出 cDNA 序列。这个蛋白与昆虫的 Clock 蛋白相比，显示出相当高的序列相似度。此外罗氏沼虾 *Clock* 基因包含一个独特的、在昆虫中对激活周期和永恒基因上游所谓 E-box 区域至关重要的富含谷氨酰胺的长 C 末端区域。

罗氏沼虾 *Clock* 基因的 mRNA 在身体的各个组织中都有表达，包括肝、卵巢和肌肉，而不仅限于大脑或中枢神经系统。然而，目前的研究表明，*Clock* 基因的 mRNA 表达在胸神经节和眼柄神经组织中并不呈现昼夜节律变化，并且还没有在蛋白质水平上进行测试。研究还发现，中枢神经系统中的 *Clock* 表达在完全黑暗条件下维持的动物中会增加，但目前尚未鉴定出表达 *Clock* 的具体神经元。这种 *Clock* 表达的上调被认为是缺乏光照的结果，表明眼柄在调节昼夜节律中的重要性。然而，眼柄中 *Clock* 表达对大脑中 Clock 或其他蛋白质的影响，以及 *Clock* 如何与周期蛋白一起作为转录抑制因子影响昼夜节律，还有待进一步研究。

2. *Period* 基因

Period 基因在生物钟的构建中扮演了不可或缺的角色，其编码的蛋白质通过与 Timeless 蛋白形成复合体，参与到了生物体内部时间感知与调控的核心过程。这一复合体的形成和功能，是生物体适应环境光周期变化，保持内部生理活动与外界环境同步的关键。果蝇的 *Period* 基因是首个被完整确定结构的昼夜节律控制基因，它在生成振荡性基因产物的过程中起核心作用。该基因编码的蛋白属于 BHLH/PAS 超家族，作为转录抑制因子，在与 Timeless 蛋白形成的异二聚体中发挥作用。这个复合体能够结合到特定的 DNA 调控序列上，有效地调控其在负反馈循环中的自身表达，从而实现时钟基因表达的周期性激活和抑制。Period 蛋白对于维持正常的昼夜节律至关重要，果蝇中的 *Period* 基因突变会影响包括运动活动、蛹的羽化、幼虫的心跳节奏等。

通过使用针对果蝇 Period 蛋白的抗体，在免疫组织化学研究中成功地检测到了 Period 蛋白存在于克氏原螯虾的视网膜和视神经神经节的不同结构中，以及其他神经组织，这是首次在甲壳动物中检查到 Period。然而，研究中并未发现 *Period* 表达的昼夜节律变化，因此，探索 Period 蛋白在甲壳动物中的表达分布及其与其他节律相关蛋白的相互作用，将有助于深入理解甲壳动物生物钟的分子机制。随着分子生物学和基因编辑技术的发展，未来的研究有望揭示 *Period* 基因在甲壳动物生理行为及环境适应性中的作用，进而为生物节律研究领域带来新的突破。

3. *Cryptochrome* 基因

在果蝇中，*Cryptochrome* 基因的发现标志着对生物昼夜节律机制理解的一个重大进展。Cryptochrome 蛋白质，具备黄素-腺苷-二磷酸以及含孢子蛋白结构域，使其能够响应蓝光刺激，通过光敏感性触发结构及功能上的改变。这一改变促使 Cryptochrome 与时钟蛋白 Timeless 发生直接作用，进而引发 Timeless 的降解，这一过程在生物体的昼夜节律调控中至关重要。*Cryptochrome* 通过这种方式介入 Period-Timeless 复合体的负反馈循环，实现对内部生物钟的环境光周期适应与重置，揭示了光周期信号如何直接影响昼夜节律调控网络的核心机制。

在甲壳类动物中，与发现 Period 相同，Cryptochrome 也是通过免疫组织化学方法首次在克氏原螯虾特定神经元和嗅觉细胞簇中发现，这一发现不仅指示了Cryptochrome蛋白在调节视觉系统中可能扮演的角色，同时也提示了它在整个生物体昼夜节律调控中可能具有更广泛的功能。然而，这项研究也揭示了一个关键的未解之谜：Cryptochrome蛋白的具体功能以及其在不同生物体组织中如何响应环境光变化以调节生物钟。未来的研究需要深入探讨Cryptochrome蛋白的表达模式、其与其他时钟蛋白的相互作用，以及它是如何影响甲壳类动物的生理和行为节律的。

在克氏原螯虾中，对*Cryptochrome*基因的研究表明，其表达呈现出显著的昼夜节律变化，尤其是在成年个体的大脑中。这一发现突出了*Cryptochrome*在调控昼夜节律中可能扮演的关键角色。值得关注的是，连续黑暗条件下的实验揭示了*Cryptochrome*表达的节律性仅在大脑中自由运行，而在眼柄中并未观察到相应的昼夜节律，这进一步指向了*Cryptochrome*在不同发育阶段和组织中具有差异化的功能和调控机制。此外，*Cryptochrome*基因的表达和功能研究为理解蓝光如何通过影响Cryptochrome蛋白活动进而调节生物内部时钟提供了重要线索，强调了光敏感蛋白在环境适应和生物节律调节中的核心作用。这些研究成果不仅加深了我们对甲壳动物中*Cryptochrome*基因功能的认识，也为探索更广泛生物种类中昼夜节律的调控机制提供了宝贵的信息。

4. *Timeless*基因

*Timeless*基因对昼夜节律的调控起至关重要作用。Timeless与Period蛋白共同作用，构成昼夜节律调控的核心反馈机制，通过影响*Clock*基因活性来形成生物的日夜节律。此外，Timeless蛋白在光感知及时钟重置过程中也扮演关键角色，能够响应光照导致的降解，调整Period-Timeless复合体的稳定性，实现对环境光周期变化的适应。尽管在甲壳动物中关于*Timeless*基因作用的研究还不充分，初步证据显示其在调节甲壳动物的昼夜节律中也可能具有重要作用，暗示着在不同生物群体中可能存在相似的调控机制。

第五节　研究展望

在甲壳动物中，虽然各种生物现象的昼夜节律已经得到了详细的描述，但对这些节律调节机制的研究大多停留在现象学层面，与节肢动物相比尚未深入到神经元的细胞水平，探究内源性生物钟的具体元素。这限制了我们对生物钟调控分子基础的全面理解。甲壳动物在时间生物学领域的研究中展现出独特的价值，其复杂的神经系统和相对便捷的实验条件为探究生物钟的底层机理提供了优良的平台。利用体内外电生理技术，研究者能够详细观察甲壳动物神经元的活动模式，深入理解其在生物钟调控中的功能。同时，分子生物学技术，特别是 RNA 干扰（RNAi）技术的应用，为敲除特定基因提供了有效手段，进一步揭示了生物钟基因在甲壳动物生理和行为调节中的作用。

未来的研究应深入探讨甲壳动物内部时钟与环境光周期之间的复杂相互作用，及其在不同环境条件下的调控网络可塑性。随着基因编辑、高通量测序、计算生物学等先进生物技术的应用，预期将在细胞与分子层面上阐明甲壳动物昼夜节律的精确调控机制。这些研究不仅将为科学家们提供跨物种的时间生物学知识，还可能为生物医学领域中相关的节律调控策略的开发提供新的思路和方法。

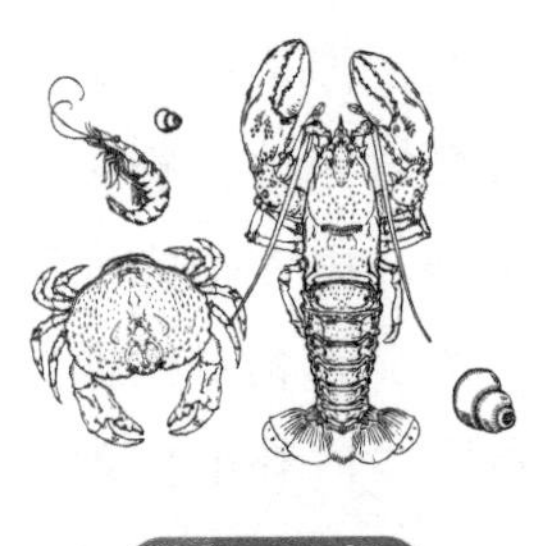

第三章

甲壳动物昼夜节律与行为

甲壳动物展现了一系列昼夜（超昼夜和亚昼夜）节律，涵盖了多种行为活动，如在自然环境的黄昏时分表现出夜行性，执行如探索、觅食和交配等社交活动。实验室环境下，它们在黑暗中表现出自发性活动。昼夜节律还与其他频率的节律相互作用，共同调节特定功能。例如，运动活动水平同时展示出潮汐节律和昼夜节律的特征，也受到周期更长的蜕皮周期的影响。在过去的十年中，人们对甲壳动物的昼夜节律行为越来越感兴趣，相反，现有的研究对这类动物的行为研究还很欠缺。本章将深入探讨昼夜节律与不同种类甲壳动物运动摄食行为、运动行为、繁殖行为和争胜行为等行为活动之间的关系。

第一节　昼夜节律与摄食行为

近年来，针对水生生物节律的研究日益增多，显示出该领域的重要性。特别是在水生生物摄食行为的研究中，摄食节律几乎成为必不可少的研究环节，这进一步突显了其在水生生物学研究中的重要地位。摄食节律研究不仅是水生生物生理学的一个关键分支，而且从应用角度来看，它对于优化水生经济动物的养殖条件和饲喂方法具有显著意义，这不仅有利于改进饲养管理，还能有效提高产量，本书第八章将对此进行更深入的讨论。

关于甲壳动物，它们的摄食昼夜节律特征与其种类和生活环境（如内陆水域、潮间带和深海）密切相关。大多数甲壳动物不是全天候活跃的；它们通常在白天隐藏在沉积物中，夜间才出来活动。这种行为在不同环境中可能会有所变化。这些适应性的节律行为对它们在特定生活条件下寻找食物极为重要。

一、内陆湖泊及河流

在内陆水体，如淡水湖泊和河流，甲壳动物的摄食昼夜节律通常受到光照和温度变化的影响。许多淡水甲壳动物更倾向于在白天进行摄食，在光线充足的白天，这些动物能更有效地寻找食物资源，如水生植物、小鱼和其他小型无脊椎动物。有研究发现，在夏季野外条件下，成年毛肢蟹（*Trichodactylus borellianus*）个体表现出双峰摄食节律，即在白天中午和半夜。成年沼虾（*Macrobrachium macrobrachion*）的摄食活动在早上（6:00 至 9:00）最多，中午（10:00 至 13:00）则较少，在 17:00 至 22:00 之间有极少的摄食活动。其他时间段则处于休息状态。在大多数发育阶段，亚马逊沼虾（*Macrobrachium amazonicum*）幼体在白天摄入更多的无节幼体。白天喂养组的中华绒螯蟹的体重增加明显高于夜间喂养组。12:00 组的螃蟹肠道中检测到了两种益生菌，*Akkermansia muciniphila* 和 *Faecalibacter prausnitzii*。此外，12:00 组的菌群多样性和丰富度略高于其他处理组。

一些淡水甲壳动物可能会在夜间或黄昏时分活跃，特别是在避免被捕食或寻找特定食物来源时。研究发现水蚤的摄食行为具有夜间节律，与其昼夜垂直迁移（DVM）相对应，这是捕食者和躲避紫外线的重要生活史策略。此外，这种摄食节奏似乎是温度补偿的，这表明摄食行为对水温的季节性变化具有趋势性。桡足类 *Pseudodiaptomus hessei* 白天摄食活动较少，夜间较多，在自然条件下，这种桡足类白天主要在淡水中底栖，并在黄昏时迁移到远洋水域，并在那里停留到黎明。

二、潮间带环境

地球的自转以及太阳和月球的引力影响使海洋的质量发生变化，导致海平面每隔 12.4h 上升和下降。当地球、月球和太阳在新月和满月期间每隔 15 天排成一线时，对地球海洋的引力作用最大，产生高幅度的涨潮。而当太阳和月球在地球上看来位于直角位置，即月球处于第一或第三季度时，对海洋的引力减小，形成低幅度的落潮。此外，当月球偏离赤道面轨道运行时，潮汐在夜间比白天更高，这一现象被称为“日内不平衡”（图 3-1）。

潮间带是沿海地区的生态系统，通常在涨潮和落潮时发生明显的水位变化。当太阳、月球和地球在新月或满月期间排成一线（即每个月两次）时，对海洋的引力作用最强，产生高幅度的春潮，即月潮和日潮相结合。相反，当月球处于其第一或第三季度时，对海洋的引力减小，导致低幅度的落潮[图 3-1(a)]。如果月球直接在赤道上轨道运行，白天和夜晚的潮汐相似，而当月球在高赤纬轨道上运行时，夜间的潮汐高于白天的潮汐（日内不平衡；用黑色圆点表示）[图 3-1(b)]。生活在潮间带的甲壳动物已经演化出机制来将它们的活动与可预测的潮汐和日夜周期的要素同步。与昼夜节律有着显著相似之处，潮间带生物可能拥有潮汐节律，使它们能够跟踪当地的潮汐周期，并根据其变化的阶段来安排活动。在这种环境中，许多甲壳动物可能在涨潮时寻找食物，因为水深足够覆盖它们的栖息地。在落潮时，它们通常会回到洞穴或沙底，躲避捕食者，并减少摄食活动。可以确定的是，昼夜变化是影响潮间带蟹类摄食节律的主要物理因素之一，并且大部分种类均表现出夜间摄食行为。

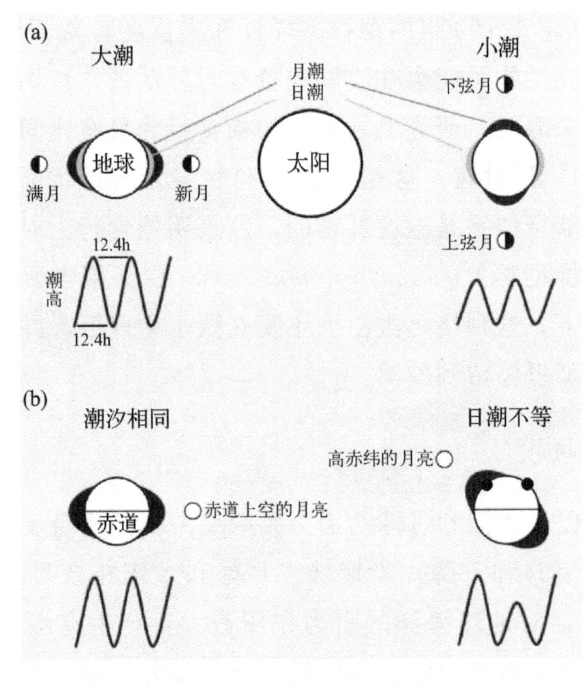

图 3-1　高潮水位的变化

潮间带甲壳动物节律研究最早开始于招潮蟹，Barnwell 等人对 *U. pugnax*、*U. pugilator* 和 *U. minax* 在非潮汐实验室条件下暴露于自然光照（大约 14h 光照，10h 黑暗）的研究中，明确证明了潮汐节律的存在，这些样本显示出与当地半日潮汐平均周期 12.42h 相近的持续潮汐节律。

颗粒新厚蟹（*Neohelice granulata*）的雄性个体和非产卵雌性个体在天黑后进食，产卵期的雌性几乎从不进食。紫色食草蟹（*Hemigrapsus nudus*）在夜间涨潮后立即进入潮上的藻类残骸区进食，但大部分时间和退潮时，它们要么潜水到亚潮带，要么藏匿在潮间带的岩石和大石块下面。在实验室无野外潮汐环境影响的模拟实验中，*H. nudus* 和 *Hemigrapsus oregonensis* 表现出夜间摄食量高于白天的现象。潮间带等足类 *Eurydice pulchra* 在饱食后表现出明确的昼夜节律调节，在夜间涨潮时活动最多，而明显饥饿的动物则没有表现出昼夜节律变化。*C. maenas*、*Necora puber* 和 *Cancer pagurus* 主要在夜间涨潮期间活跃。其中 *C. maenas* 是唯一在夜间低潮期间活跃的物种，人们观察到它主要在下游海岸以帽贝为食。尽管在不同地点或栖息地根据不同地点的潮汐幅度而有所不同。对于潮间带甲壳动物而言，在黑暗中进食可能是有利的，因为可以躲避视觉捕食者（如鸟类）的捕食。

三、深海环境

与潮间带的甲壳动物不同，在深水大陆边缘的甲壳动物昼夜活动节律通常以三种方式表现：垂直于水柱的迁移（如浮游生物）、沿着大陆边缘的底栖边界层内的水平位移（如底栖迁移生物）以及底栖生物的内部移动。尽管对垂直迁移的甲壳纲十足动物进行了大量研究，但关于其他底栖和底栖迁移物种的信息相对较少。特别是在深水大陆边缘地区，由于栖息地因素（如光照强度和光谱质量、沉积物特性和水文特征）的陡变，导致了在采样和对活体样本进行实验室测试上的技术困难，使得对大多数海洋物种的位移类型和主要生活习性仍然知之甚少。

通过对典型深底栖挪威海螯虾连续拖网，分别在 100～110 米和 400～430 米深度捕获动物并进行胃部样本采集，分析了 3348 个胃的饱满度。研究结果表明，显著数量的胃是空的（47.2%），并通过计算每次捕获的空胃百分比值来分析进食节律的节奏性。通过对空胃百分比时间序列进行周期图和形态估计分析，确定了进食节律的相位和周期性。研究结果表明，无论分布深度如何，它们通常选择在光线较弱的时段活动（主要在夜间进行摄食活动），这有助于减少掠食者威胁。这种昼夜节律的摄食模式在底栖水生动物中非常常见，特别是在天然生态环境中。然而，在深海中，随着深度的增加，光强对深海环境的影响逐渐减小。一般来说，深度超过1000米以下几乎无法检测到光线。

研究表明，浮游生物的垂直迁移可能是驱动深海底栖生物显现出昼夜活动节律的关键因素。无论在大陆架还是斜坡地带，两者过渡带的斜坡区已观察到中深层十足动物在白天靠近海床的行为，这暗示深海掠食者的日常觅食活动可能受到浮游生物垂直迁移模式的影响。尽管专门针对深海十足动物和鱼类进食活动的研究相对孤立且稀少，Lagardere在1972年和1977年的研究中指出，马丁红虾（*Plesionika martia*）的捕食活动主要集中在白天早些时候，这与其主要猎物——中白玻璃虾（*Pasiphaea sivado*）在海底附近出现的时间相吻合。这些发现强调了深入研究海洋生物昼夜节律背后机制的重要性，以及环境因素如光周期和浮游生物行为模式对深海生态系统动态的影响。

长螯螟蟹（*Geryon longipes*）的夜行性表现和其对环境周期的适应性在最新研究中得到了深入探讨。通过在实验室模拟自然环境中的水流和光照周期，观察到这种深海蟹类的运动、进食、探索和自我梳理行为均呈现出与自然环境相同的日夜节律模式。特别是，其胃饱满度在黎明前达到高峰，揭示了其夜间觅食的生物节律。这些发现不仅突显了深海生物对环境变化的敏感性和适应策略，也为理解海洋生物昼夜活动节律及其背后的生态和进化机制提供了宝贵见解。

深海是一个极端的环境，光线几乎无法渗透到深海底部。在深海中，许多甲壳动物通常都是夜行性摄食者，因为它们可以利用生物发光来吸引和捕食猎物。这些生物发光现象有助于它们在黑暗中捕食并躲避捕食者。

海洋浮游桡足类经常表现出昼夜摄食周期和垂直迁移。然而，桡足类的摄食节奏可能会受到层间食物供应不同以外的其他因素的影响。例如，研究人员通过船上的放牧实验和浮游动物计数，在24h到48h的测量周期内，每4h或6h测量一次，发现在英吉利海峡，由于*Pseudocalanus elongatus*较丰富，深层水域的摄食率更高，没有夜间上浮群集行为，但夜间摄食更为明显。在南部湾，另一个浅水同质系统中，*Temora longicornis* 和 *Pseudocalanus elongatus* 在五月份显示出夜间上浮和摄食行为增加。而在北海北部，浮游植物和浮游动物的垂直分布具有很强的相关性，但限于温跃层以上的前30米。在这个狭窄空间内没有观察到垂直移动，但每种桡足类动物都有偏好的特定深度。

海洋桡足类浮游动物通常表现出与垂直迁移相关联的昼夜摄食周期。然而，桡足类动物的摄食节律可能受到食物可用性之外其他因素的影响。研究表明，野生的 *Centropages typicus* 和 *Paracartia grani* 雌性展现出显著的夜间摄食增强的昼夜节律。这种节律在 *C. typicus* 的首代中得到维持，暗示母体效应的存在，但在随后几代中消失。相反，长期培养的 *P. grani* 在昼夜摄食活动上未显示差异。*C. typicus* 在 F_1 代中显示出发育阶段的变化：早期阶段无摄食节律，成体则夜间摄食活跃。实验室培养的 *C. typicus* 即便暴露于捕食者分泌物也未恢复自然摄食节律，暗示捕食压力或化学信号未显著影响其昼夜摄食行为。这些发现表明，桡足类的昼夜摄食节律可能受多种因素调控，且在实验室条件下快速改变。然而，目前在实验室研究的结果表明，海洋桡足类动物与摄食相关的功能特征可以在实验室中快速经历多代变化，因此，实验室条件饲养的桡足类所表现出的昼夜摄食行为可能与野外自然环境的桡足类有较大差异。

四、养殖环境

在养殖系统中，通常会有定期的饲料供应，因此甲壳动物的摄食昼夜节律可能会受到养殖管理的影响。养殖者通常会在白天和夜晚提供饲料，以满足不同的摄食需求。在这种情况下，甲壳动物可能会根据养殖管理的时间表来调整其摄食活动。

日本对虾（*Penaeus japonicus*）在池塘养殖条件下的两个月（即变态后的第 74 至 97 天）发生了从连续性摄食到夜间摄食的转变。在半集约养殖模式下（起始密度为每平方米 10 只虾，收获时为 3.4 只），尽管每天都有颗粒食物供应，自然出现的猎物仍是整个研究期间最主要的食物来源。虾表现为机会主义食肉动物，以池塘生态系统中的所有动物为食，尤其偏好昆虫，特别是摇蚊。然而，随着养殖期的延长，观察到了虾对食物大小的选择性变化，食物选择依次为：浮游动物和枝角类（0～7 天）—枝角类（7～27

天）—摇蚊（27～62天）—大型底栖生物和摇蚊（62～86天）。在凡纳滨对虾（*Litopenaeus vannamei*）的池塘养殖中发现，白天喂食比夜间喂食生长效果更好。喂食频率对生长的影响显著，即随着每24h内喂食次数从一次增加到两次再到四次，瞬时生长率从1.62%增加到1.66%，再增加到1.71%。与夜间喂食的虾相比，白天喂食的虾的瞬时生长率更高，这表明在类似于测试条件下养殖的凡纳滨对虾应该每天至少喂食四次，并且白天喂食至少与夜间喂食生长效果一样好，甚至可能更佳。

网箱养殖条件下，圣保罗对虾（*Farfantepenaeus paulensis*）在第一个月的明暗周期的两个阶段都摄入食物，在第二个月，它们白天的摄入量减少，主要在黄昏时进食。然而，斑节对虾（*Penaeus monodon*）则表现出相反的模式，在整个生长期间从夜间到白天的摄食发生变化。同时，虾的食物选择也随着时间发生变化，显示了对不同食物来源的适应性。小褐美对虾（*Farfantepenaeus subtilis*）白天和夜间均可以摄食，食物消耗水平之间没有发现显著差异。

在实验室条件下，凡纳滨对虾表现出明显的夜间摄食模式，夜间每日总食物需求占全天的81.9%。然而，幼体凡纳滨对虾的摄食无明显的昼夜节律差异性。但海洋观赏虾（*Lysmata* spp.）的幼体表现出在白天进食的偏好。在罗马长臂虾（*Palaemonetes pugio*）的新孵化幼虫中检测到光摄取的内源性节律。然而，挪威海螯虾在与心脏活动和氧气消耗的昼夜节律相一致的情况下表现出夜间运动活动的节律。

五、其他环境因素

通常，昼夜节律控制甲壳动物在不受潮汐周期影响时的食物摄入量，但是根据代谢需求，可能会发生额外的昼夜摄入以补充夜间进食。因此，在大多数物种中，白天或夜间的摄食行为已经固定。但在某些情况下，摄食行为的时间模式也可能受到特殊感官要求的限制，例如依赖视觉来捕捉食物。对于甲壳动物的摄食节律而言，大多数报道的例子都具有昼夜节律性，但也有一些研究致力于研究潮汐、月球和每年的摄食节律。尽管甲壳动物本身具备明显的内源昼夜节律波动，其摄食节律还会受水域生态环境中多种外源因素影响，表现出周期性变化。因此，当甲壳动物表现出有节奏的摄食行为时，可能是光、温度和溶氧等非生物参数，或是食物相对丰度和种内、种间相互作用等生物因素，也可能是受生物体的内源性影响。然而，甲壳动物通常被视为机会主义摄食者，其摄食的昼夜节律会受到食物供应时间和频率的影响。在食物供应之前，它们可能会准备好摄食，这也解释了为什么在接近喂食时间时摄食水平会升高。

（一）年龄和发育阶段

年龄和发育阶段会对摄食行为产生影响。幼年个体和成年个体可能会有不同的摄食偏好和行为习惯。

（二）基质类型

甲壳动物在不同类型的底质中的摄食行为可能会有所不同。某些物种更喜欢在某些类型的底质中挖洞或寻找食物。

（三）温度和环境条件

水温和其他环境条件也可以对甲壳动物的摄食行为产生影响。温度变化可能会影响它们的新陈代谢和摄食率。

总之，了解这些因素如何影响甲壳动物的摄食习惯对于有效管理和养殖这些物种至关重要。研究甲壳动物的摄食行为可以帮助优化饲料供应和提高它们在养殖环境中的健康和生长表现。然而内在和外在因素的作用可能导致行为反应的差异，即使在密切相关的物种中也是如此。

第二节 昼夜节律与运动行为

甲壳动物的运动行为不仅反映了它们适应环境的能力，也揭示了生态系统内部复杂的相互作用机制。昼夜节律，作为一种普遍存在的生物钟现象，对甲壳动物运动行为活动至关重要，既反映了它们在不同环境中的适应性，还与寻找食物、逃避捕食者、寻找繁殖伴侣等生存策略紧密相关。甲壳动物运动行为的节律性受多种因素影响，包括环境条件如光照、温度、水流和潮汐，以及生物学因素，如种类、发育阶段、能量需求和避敌策略。这些因素共同作用，形成了甲壳动物复杂多样的运动行为模式。理解这些因素对甲壳动物运动行为的影响，对于揭示它们的生理节律性和适应机制具有重要意义。

一、潮汐

对于大部分生活于潮间带环境中底栖的甲壳动物而言，其食物的丰富度会出现明显的波动，也呈现出或多或少的昼夜和潮汐节律性，如夜间丰富型、日间丰富型和潮汐节律同步型等，有些甚至出现多种类型交互影响。根据与昼夜和潮汐周期同步的程度，这些丰富度模式被分为不同的类别。特别是在底栖甲壳动物中，夜间模式尤为明显，这些动物在白天时期不活跃，夜间则在水中积极游动。此外，大多数浮游动物和底栖生物的模式在不同程度上与潮汐同步变化。例如，欧洲沙蚤（*Talitrus saltator*）是一种在沙滩上生活的端足类，表现出受自然光周期驱动的昼夜运动节律。亚洲异针涟虫（*Dimorphostylis asiatica*）的游泳活动行为受到昼夜节律的调控，并且在野外环境条件下呈现双峰型，即与其栖息地高潮相一致的近潮汐活动。在10℃下，这种内源节律的平均自由运行周期（即双潮间隔）为23.1h，显著短于环境潮汐周期。当处在实验室条件下时，这种双峰活动在10天内变为单峰，单峰期持续时间为24至27.5h，显著长于之前的双峰期。同时，在实验室条件下，对自然昼夜光照和持续黑暗环境中端足类 *Bathyporeia pilosa* 不同地理种群进行研究，发现它们展现出与潮汐频率（12～14h）相一致的独特游泳节律，但随着实验时间的延长，潮汐节律有所衰减。这些结果表明，潮间带甲壳动物的游泳活动节律受到昼夜和潮汐周期影响，而实验室条件下游泳节律的衰减，均强调了内源性昼夜节律与环境因素（如潮汐和光照）之间复杂的相互作用。这些发现对于理解甲壳动物如何适应其生态环境提供了新的见解，并可能对它们的行为适应、生态位占据和种群动态有重要影响。

二、外源光照

淡水甲壳类动物在人工光暗循环条件下展现的昼夜运动节律差异显著，其中，螯虾主要展现出夜间活跃的行为，而 *Pseudothelphusa* 属的蟹类则在黄昏时分更为活跃。在持续的暗环境中，*Procambarus* 属的螯虾可能表现出单一或双重模式的自由运行节律，而 *Pseudothelphusa* 属的蟹则持续表现出双重节律。这些研究提示，尽管淡水蟹的运动节律基本呈现昼夜性，其背后可能由复杂的多振荡系统所控制。对于极地甲壳动物北极蝌蚪虾（*Lepidu-*

rus arcticus）的昼夜节律研究表明，北极蝌蚪虾在北极夏季的自然条件下，无论是单独记录还是群体记录，都没有表现出昼夜节律。虽然可以争论记录时间太短以至于无法检测到昼夜节律，但值得注意的是，频谱分析是一种非常敏感的方法，确实可以识别出低幅度的节律性。因此，可以假设北极蝌蚪虾没有展示出任何昼夜节律，这不是因为方法的缺陷，而是真实的非表达。相应的，周期图和频谱分析显示存在1～10h范围内的多个峰值的超日节律。

三、发育阶段

通过对132只10～140日龄的克氏原螯虾运动节律的研究发现，在持续黑暗和正常光照周期条件下的昼夜运动节律特性，所有年龄段的螯虾均表现出昼夜节律，但其出现的概率随年龄增长而提高。通过对褐虾（*Farfantepenaeus aztecus*）、粉红虾（*Farfantepenaeus duorarum*）和白虾（*Litopenaeus setiferus*）栖息地和河口幼虾苗圃栖息地的研究发现，褐虾和粉红虾在幼体发育阶段垂直游泳活动中表现出昼夜节律，周期长度约为12.4h，而白虾苗在游泳活动中没有表现出内源节律。粉红虾幼体（总长20～40毫米）表现出明显的昼夜活动节律，平均周期长度为23.8±3.7h，并且在野外夜间游泳达到高峰。褐虾和白虾幼体表现出相对较弱的昼夜节律。这说明，不同物种和同一物种幼体的不同发育阶段均会对昼夜节律产生不同影响。

第三节 昼夜节律与繁殖行为

昼夜节律不仅调控甲壳动物的摄食和运动等行为，同样也影响着它们的繁殖活动。适时的繁殖行为对于甲壳动物的生存和繁衍至关重要，可优化繁殖成功率并确保后代的最佳生存机会。由内源节律所调控的生殖同步在甲壳动物中很常见，这使得甲壳动物在交配和繁殖过程中增加受精成功率，并躲避捕食者，提高幼体的成活率等。本节将探讨甲壳动物繁殖行为与昼夜节律之间的联系，揭示环境因素如何通过影响生物钟来调节甲壳动物的繁殖策略，以及这一机制对于甲壳动物适应不同环境条件的意义。

一、地理纬度和温度对繁殖节律的影响

甲壳类动物的繁殖节律与其所处的地理环境有关。如不同的地理纬度梯度带来的光照和温度条件变化，会影响甲壳动物生物钟和节律的许多方面，进而影响繁殖行为。在低纬度热带地区，由于季节性差异较弱，年度繁殖节律通常会遵循周年节律和昼夜节律。与此相反，在温带地区和高纬度地区，同步的繁殖事件主要受到温度和光周期等季节性因素的影响。而在极地纬度，月相节律可能仍然存在，但可能仅在极地冬季受到月光的调节，而在漫长的极地夏日，其他时间线索应该更加明显和可靠。不同的调节机制和节律同步性可能也存在于沿纬度梯度分布的物种种群之间。虽然这在甲壳类动物中尚未被研究，但纬度梯度中对控制生殖节律的可遗传特征的选择可能会减少基因流并增加种群间的遗传分化。

在低纬度地区观察到的繁殖节律现象，可能与温度对短尾类甲壳动物胚胎发育持续时间的影响密切相关。在低热带和亚热带纬度以及在繁殖季节气温较暖的温带海岸（例如美国北大西洋海岸、阿根廷南大西洋海岸以及日本本州的两岸），温暖的环境有利于通过胚胎快速发育和可预测的速率实现同步排幼。相比之下，高纬度地区典型的凉爽和变化多端的温度环境可能会以不可预测的方式延迟胚胎发育，这可能使得排幼的时间无法与环境周期中最适合幼虫生存的时段同步。因此，在高纬度地区，上升的冷水团会对短尾类的排幼周期产生弱化影响，如出现无周期性或15天、30天的弱周期性。然而，在受寒冷的加利福尼亚海流影响的海岸和洪堡铠甲虾（*Galathea rubromaculata*），至少存在一定程度的月相同步迹象，尽管铠甲虾的排幼期与月相周期并不完全一致，而哥伦比亚蟹（*Planes minutus*）的排幼期与大潮期同步。在潮间带等足类 *Bathyporeia* 属中，在温暖的夏季月份，胚胎发育大约持续15天，并与交配相关的游泳活动呈现出明显的半月形模式；而在较冷的秋季月份（胚胎发育需要更长时间），这种模式则不太明显。

二、水体深度对繁殖节律的影响

水体深度是影响甲壳类动物等海洋生物繁殖节律的关键环境因素。随着深度的增加，光照强度减弱，水温变化趋于稳定，这些变化直接或间接地影响着生物的生理过程和行为模式，进而影响其繁殖活动的时机和节律。

随着水体深度的增加，光线的强度和光谱多样性均有减弱，大部分甲壳动物排除了使用光周期作为调控生理节律的外源环境因素。然而，也存在例外情况，如挪威海螯虾在400～500米深度通过单色蓝光调节昼夜节律。与此同时，温跃层以下的稳定温度以及潮流的减弱影响进一步限制生殖节律的调节能力。然而，已知许多深海生物包括甲壳类动物都表现出季节性繁殖的同步现象，通常被归因于春季浮游植物的增加而带来的食物增加。在这方面，深海热液喷口螯虾（*Bythograea laubieri*）的繁殖同步缺失被认为与其地理位置有关，这些地点多位于南太平洋亚热带环流区内，其特点是浮游植物生产力低，因此浮游植物碎屑很少会沉入海底给这类深海螯虾提供食物源。

沿深度梯度的栖息地不仅在光照等环境信息上可能存在差异，而且在对繁殖期的雌性和新孵化的幼虫上可能存在捕食压力。因此，半陆生和潮间带物种，但不是深海水域的亚潮带物种，往往倾向于在夜间、大幅度高潮时释放幼虫。例如，石蟹（*Menippe mercenaria*）释放幼蟹的时间相对于昼夜或潮汐周期高度可变。

三、繁殖节律与生殖迁徙

生殖迁徙是许多海洋生物，尤其是甲壳类动物，其生命周期中的关键环节，直接影响其繁殖节律和成功率。这种行为涉及从常住地向繁殖地的移动，通常是为了寻找更适合后代成长的环境。生殖迁徙不仅受到环境因素如温度、光照和食物资源的影响，也与生物内部的生理机制紧密相关。其中最为壮观的例子是圣诞岛红蟹（*Gecarcoidea natalis*）的年度大规模繁殖迁徙。从内陆森林栖息地到海岸的迁徙始于雨季（季风雨）的开始，并与月相周期同步进行。雄性在海岸挖掘繁殖洞穴，并在交配后不久迁回森林，而雌性会在洞穴中孵化两周，然后将卵释放到海洋中，然后返回森林。类似的繁殖迁徙也发生在其他陆生蟹类上，包括关氏圆轴蟹（*Cardisoma guanhumi*）进行与月相或半月相周期同步的繁殖迁徙。来自 *Coenobita* 属的陆生寄居蟹也会进行繁殖迁徙，它们会迁往海岸，在与月相或潮汐周期同步的情况下释放幼虫。

龙虾类经常从育儿场到繁殖场进行长途迁徙。眼斑龙虾（*Panulirus argus*）迁徙时排列成长队，可以降低捕食风险和水流阻力。来自3.65亿年前晚泥盆纪的三叶虫的化石显示，定期的繁殖迁徙可能在古代就已经演化出来。有报道称，华丽岩龙虾（*Panulirus ornatus*）进行了长达500公里的年度大规模迁徙，类似的大规模迁徙发生在到深海产卵的西部岩龙虾（*Panulirus cygnus*）上。澳大利亚和新西兰的黄龙虾属 *Jasus* 和岩龙虾部分种类也会进行繁殖迁徙。接近成熟的幼龙虾会沿着海岸逆流而上，到达其繁殖场。一些 *Jasus* 种的成年雌性会迁往更深的近海水域孵化卵，然后几个月后迁回近岸区域。

锯缘青蟹（*Scylla serrata*）的雌性会前往附近海区产卵，可能是为了确保它们的有效分散。类似地，雌性蓝蟹（*Callinectes sapidus*）会从河口迁往海岸地区排幼，使得刚排出的幼虫可以利用潮汐进行水平移动和种群扩散。每年南半球夏季，新热带地区的红树林蟹（*Ucides cordatus*）会进行大规模交配，并从内陆向海洋方向迁徙。这些迁徙发生在新月或满月期间，具体取决于哪个月相的潮汐振幅更高，大约一个月后在潮汐振幅更高的春潮时释放幼虫。

许多其他甲壳动物，如雪蟹（*Chionoecetes opilio*）、寄居蟹（*Pagurus longicarpus*）和美国龙虾（*Homarus americanus*），也进行季节性迁徙。迁徙行为在甲壳动物物种中可能是普遍存在的，但往往难以观察到。内生时钟可能有助于调节生殖迁徙与最适合幼虫释放的潮汐周期的同步。这在陆地蟹类中可能最为明显，它们需要控制迁徙和孵化时间，以使幼虫释放与半月周期同步。然而，生殖迁徙通常是季节性的，目前科学家们对甲壳动物中可能存在的内生年节律一无所知。

已经提出了一些可能引发迁徙行为的季节性线索，例如刺龙虾迁徙往往都始于秋季或冬季风暴期带来的温度下降。在一些甲壳动物中，包括刺龙虾在内，方向可能由地球磁场引导，但如果在迁徙中使用光周期变化引导方向，则内生时钟也可能起作用，类似于沙跳虫（*Talitrus saltator*）的白天运动。未来的研究需要解决内生节律是否影响甲壳动物迁徙行为以及哪些定时器可能调节同步的生殖迁徙的问题。

四、产卵（排幼）节律

许多甲壳动物的幼虫释放时间已经得到了广泛的研究。半陆生和潮间带蟹类中普遍存在的模式是将幼虫释放与潮汐振幅最高的潮汐同步。在潮间带寄居蟹中也观察到这种行为，认为这有利于幼虫在随潮而退的过程中被带到更深的水域，从而逃避近岸区域捕食性浮游鱼类的捕食。在夜间高潮期释放幼虫还有助于避开视觉捕食者，例如在河口蟹和虾类中。与环境周期（潮流）同步和随潮而退释放幼虫，使幼虫在夜间的保护下离开河口，到达适合幼虫发育的海域。相反，对于白天释放幼虫的物种，幼虫往往对捕食者进行隐藏躲避或使用防御性的外壳加以保护。像捕食一样，对食物源的敏感性也可能影响繁殖同步。在种群规模较小的侧线虫群体中，由于更容易受到捕食者的影响，同步释放幼虫对于形成瞬时高密度小型成群的物种更为重要，而生活在种群规模较大的物种更倾向于异步繁殖和排幼，因为低密度而长时期存在的后代仍然可以聚集延续种群规模。

与潮汐节律，尤其是大潮期节律紧密同步排幼的甲壳动物则需要精确的求偶行为、交配和孵化。因为前序生理行为节律出现紊乱，会导致错过大潮期，进而使生活史中断。为了调节同步性，幼虫孵化时间可以通过母体向胚胎发出信号来调整。在沿岸水域和大陆架中的亚潮间物种中，也可以观察到一定程度的半月同步。由于亚潮间物种的幼虫释放时间不一定影响对捕食的敏感性，孵化时间似乎更受胚胎的控制，而不是母体给胚胎提供的调节信号。通过调整跟随半月节律的求偶行为时间，可以实现更高程度的同步。例如招潮蟹（*Leptuca terpsichores*）的求偶时间可以根据温度进行调整，即较低温度下交配则需要更长的孵化时间。孵化时间和交配活动之间的联系可能是通过温度依赖的胚胎发育持续时间中介的，并且预计在繁殖季节的高峰期间会紧密耦合，但在其他时段可能会解耦。尽管这种发育联系将对交配互动和可能的性选择压力产生重大影响，但在甲壳动物中尚未进行深入研究。

第四章

甲壳动物昼夜节律与代谢

生物节律控制系统是一个复杂的层级网络，包括中枢生物钟网络和外周生物钟网络。这些生物钟网络不仅存在于动物的中枢神经系统，还广泛分布在多种器官和组织中。生物钟通过调节机体的氨基酸、葡萄糖、胆固醇代谢以及与蛋白质、脂肪和碳水化合物代谢相关的酶、受体和分子的表达水平，间接地影响了这些分子的昼夜节律表达。这种调节影响了生物对营养物质的消化和吸收，以及消化系统和循环系统中的物质代谢，以适应营养物质的摄入、代谢和能量平衡。同时，代谢产物的供应也可以反过来影响生物钟系统，调节中枢生物钟以及位于消化、循环系统中不同的组织器官的生物钟的表达和活动，使生物体能够有效地利用营养物质并提高其利用率。

此外，机体代谢产生的糖皮质激素也在调节外周组织的生物钟方面发挥重要作用，特别是在调节营养代谢方面。研究表明，大多数脊椎动物的葡萄糖、脂肪、氨基酸等多种营养物质的代谢都呈现昼夜节律性。这种节律性体现在神经系统和外周组织细胞中的葡萄糖摄取、三磷酸腺苷含量以及与蛋白质、脂肪和葡萄糖代谢相关的核受体的表达。一些研究还发现，不同的代谢物，包括磷脂、氨基酸和尿素循环中间产物，它们的含量水平也在昼夜之间波动。

总的来说，生物节律通过时钟基因的调节在转录水平上影响了氨基酸、糖原、葡萄糖代谢、胆固醇代谢以及三羧酸循环等代谢途径中的基因和蛋白的节律表达和活动。这种调节主要受到肝脏和脂肪组织中的时钟基因如 *Clock*、*Bmal1*、*Period1*、*Period2*、*Period3*、*Cryptochrome1* 和 *Crypto-*

chrome2 的调控，从而影响与蛋白质、脂肪和糖类代谢相关的代谢酶的昼夜变化。其中，Bmal1 在脂肪代谢过程中的昼夜节律调控是研究比较深入的一个方面。除了 Bmal1，其他调节因子如 PPARa（Peroxisome proliferator-activated receptor a）也能通过直接影响 Clock-BMAL1 二聚体来调节脂肪代谢。此外，REV-ERBa 和 RORa 等调节因子也在调节脂肪生成和存储等过程中发挥作用。

代谢是生物体内一系列生化反应的总称，是生命的基础，它支持生物体的各种功能，维持生命的连续性，并使生物体能够适应各种环境条件。它包括了碳水化合物代谢、蛋白质代谢、脂质代谢、能量代谢、核酸代谢、有机物代谢、无机物代谢和药物代谢等。这些代谢过程都表现出昼夜节律，并且这些节律受昼夜生物钟系统的控制和协调。因此，研究昼夜节律与代谢之间的关系将有助于更好地理解生命的本质，以及如何维护健康和预防疾病。本章将介绍甲壳动物代谢的昼夜节律特征，包括昼夜节律如何影响甲壳动物的能量利用、食物消化、体温调节以及其他关键生化反应。此外，我们还将探讨这些昼夜节律在不同甲壳动物物种之间的变化和适应性，以及它们在环境适应性和进化中的作用。

第一节　昼夜节律与碳水化合物代谢

碳水化合物是所有动物饮食中的主要能量来源，也是水生动物饮食中关键的能量来源。然而，水生动物对碳水化合物的利用率相对陆生动物较低。对于甲壳类动物来说，增加碳水化合物摄入量可能导致生长缓慢、免疫力低下和高死亡率，一般认为碳水化合物需求占总饮食的 20%～30%最佳。此外，甲壳类动物的碳水化合物需求会随着其生命周期的不同而变化。与脊椎动物相比，对甲壳动物如虾和蟹的碳水化合物代谢相关研究较少，且多集中在虾和蟹对饲料中碳水化合物的利用、消化酶活及其对免疫功能的作用上。尽管存在一些分析葡萄糖转运蛋白和葡萄糖调节的研究，但对于甲壳动物碳水化合物代谢的昼夜节律了解仍然相当有限。

一、碳水化合物活性酶

糖类物质进入体内需要被不同种类的消化酶分解，才能被消化吸收，因此各种不同消化酶的活性高低对于甲壳动物的营养吸收有着至关重要的作用。甲壳动物体内含有α-淀粉酶、葡萄糖苷酶、麦芽糖酶、蔗糖酶、半乳糖酶、几丁质酶、壳二糖酶和纤维素酶等多种消化碳水化合物的酶类，在甲壳动物碳水化合物的消化、代谢和整体利用中扮演着至关重要的角色。一般认为，饵料是甲壳动物消化酶活力最直接的影响因子，酶活力的昼夜节律可能和摄食密切相关。然而，目前关于昼夜节律对甲壳动物碳水化合物分解酶活性的研究主要集中在α-淀粉酶上。

α-淀粉酶是甲壳动物消化腺中一种重要的碳水化合物水解酶类，它以随机作用的方式切断淀粉、糖原、寡聚或多聚糖分子内的任意α-1,4葡萄糖苷键，生成麦芽糖、葡萄糖和低聚糖等化合物供机体利用，与其他类型如β-淀粉酶家族、葡萄糖糖化酶、异淀粉酶等水解淀粉的酶类相比，α-淀粉酶类具有更快的水解作用，其分泌机能的强弱直接影响生物对食物的消化能力，从而影响生长繁殖等其他生理过程。

大部分的虾类均在夜间活动，尽管它们在白天持续进食，与虾新陈代谢相关的自然行为可能是酶活性的一部分，白天不需要α-淀粉酶，因为虾正在休息。尽管白天增加投喂次数可以使凡纳滨对虾的α-淀粉酶的酶活升高，但总体在夜晚活性最高。脊尾白虾肠道中α-淀粉酶活性在12:00时最低，然后逐渐升高，在24:00时达到最高值。6:00活动有所减少，但较18:00有所增加。相反，中华锯齿米虾（*Neocaridina denticulata*）的淀粉酶全天仅在18:00有明显的活性下降，推断出淀粉酶的昼夜节律差异是内源性的，但与摄食强度密切相关。锯缘青蟹（*Scylla serrata*）的Z5期幼体，α-淀粉酶活力在18:00达最高峰，24:00为次高峰，中午最低。而M期幼体无明显的昼夜节律。可以推断，动物自身的生理状态，如发育阶段、在蜕皮周期中所处的阶段等，也可能影响消化酶活力的昼夜节律。

自然环境条件下，墨西哥淡水虾（*Macrobrachium tenellum*）淀粉酶酶活性表现出昼夜节律，其周期性在08:00和20:00呈现出双峰双谷的特征。而在实验室条件下，淀粉酶和壳聚糖酶的酶活会受到不同光周期的影响。

红螯螯虾（*Cherax quadricarinatus*）幼虾淀粉酶的活性会随着早晨（8时）和晚上（17时）喂食而发生变化。幼体肠道中的淀粉酶的活性几乎没有明显的昼夜节律变化。淀粉酶活性没有显示出受喂食时间影响的可观效果。研究消化酶分泌模式及其可能的变化，可以作为确定幼年喂食最有利时段的工具。

二、碳水化合物代谢激素

（一）高血糖激素

甲壳动物中，高血糖激素（CHH）是目前已知的唯一一种血糖调节激素，当受到外界环境刺激时，甲壳动物会释放神经递质（5-HT 等）促进 CHH 的释放，CHH 作用于肝胰腺，参与糖原代谢，从而调节血糖水平。研究表明，CHH 的合成和分泌受内源性生物钟的控制。在利莫斯螯虾（*Orconectes limosus*）中发现，天黑后的最初几个小时内，血液 CHH 和血糖水平都会升高，释放的 CHH 的生物活性远远高于窦腺中储存的 CHH。克氏原螯虾 XO-SG 复合体分泌活动的日常节律会影响眼睛的昼夜节律敏感性，CHH 和 5-HT 都是视网膜敏感性昼夜节律的关键因素。

CHH 分泌的昼夜变化与昼夜血糖节律相关。通过使用免疫细胞化学方法测定不同光照处理组的细手正螯虾（*Astacus leptodactylus*）在 24h 内的血淋巴葡萄糖，并对眼柄中产生甲壳动物高血糖激素（CHH）的细胞的分泌活性进行了形态测量研究。结果表明，XO 细胞中的 CHH 合成活动在暗相开始后的第一小时内开始，这时 CHH 颗粒从 XO 体移至 SG，导致 CHH 在血淋巴中的排放激增，随后出现高血糖，这种节律会与光/暗周期同步，并在暗相达到最大相位。控制节律的光刺激不是由复眼或尾部感光器检测到的，而很可能是由位于眼柄其他地方的感光器检测到的。视叶和脑神经节之间的神经连接中断后，血糖节律仍然存在，这表明血糖节律的生物钟位于视叶内。

随着光照时间的延长，日本囊对虾（*Marsupenaeus japonicas*）CHH 激素也不断增加，表明在全黑暗状态下，糖原分解代谢水平最低，有利于糖原积累，进而促进对虾的生长。

研究发现视网膜和眼柄中相对 CHH 丰度的每日和昼夜变化之间存在负相关。这种相关性以及眼柄 CHH 与血淋巴和葡萄糖之间发现的互相关联证实，X 器官窦腺复合体产生的 CHH 在 24h 时间内处于先前提出的双反馈控制系统之下。然而，视网膜中同时存在糖原和葡萄糖，这些参数与血淋巴乳酸和葡萄糖之间的互相关联，CHH 与血淋巴和视网膜代谢标记物表明 CHH

与眼柄不处于相同的时间代谢控制之下。

已经证明 XO-SG 复合体中某些神经激素的分泌在十足目动物中存在昼夜节律性，当动物被外部环境信号刺激时，这种节律明显但稳定的相位差有助于动物的内部时间秩序，从而有助于增强其适应能力。然后，日光/黑暗周期的变化可能通过神经或内分泌调节直接或间接影响 CHH 的释放。有趣的是，视网膜中 *CHH* 基因的表达在日常和昼夜之间存在变化。这种节律性的表达受到光照周期（LD 周期）的影响，这一点已经在其他内源性生物钟中得到证实。光照在十足动物的活动节律同步中扮演着重要的角色，而甲壳类动物的节律活动和代谢与血糖变化密切相关。因为高血糖在甲壳类动物中被认为是一种应激反应，所以 CHH 水平的变化可能会影响动物内部的同步机制，破坏其与环境的协调。

（二）胰岛素样肽和胰岛素样生长因子

胰岛素样肽（ILPs）和胰岛素样生长因子（IGFs）属于同一多肽家族，其中一些多肽与胰岛素的序列和功能非常相似，推测它们可能来源于早先的胰岛素样基因。当血淋巴中的葡萄糖浓度增加时，胰岛素样肽和胰岛素样生长因子会被激活，从而促进糖原的合成过程。甲壳动物中的主要循环糖是海藻糖，即葡萄糖的非还原二糖，ILPs 和 IGFs 参与调节循环海藻糖水平。与昆虫类似，为了保持恒定的血淋巴海藻糖水平，甲壳动物需要在昼夜进食节律下控制海藻糖水平的波动，以及从肠道到血淋巴的营养摄取。尽管 ILPs 和 IGFs 在甲壳动物中可能起着重要作用，但目前对它们在甲壳动物节律调节中的研究较少。鉴于 ILPs 和 IGFs 参与调节葡萄糖代谢和海藻糖水平，它们可能在甲壳动物的节律调控中发挥着关键作用。例如，在饥饿期间，凡纳滨对虾的 ILPs 表达在饥饿后 12h 内显著下降，并在 24h 内增加，这表明 ILPs 可能受到饥饿状态的调节。然而，对于 ILPs 和 IGFs 在甲壳动物昼夜节律调节中的确切作用和机制，仍需要进一步的研究来加以确认和解释。这些研究将有助于深入理解甲壳动物内分泌系统在生物节律调节中的作用，并为未来的生物钟研究提供新的方向和见解。

（三）褪黑激素

褪黑激素（MT）被普遍认为是生物体接收光周期信息的化学信使，在甲壳动物中的水平也显示出周期性波动。虽然已确认褪黑激素存在于几种甲壳动物的眼柄中，但对褪黑激素在调节甲壳动物血淋巴葡萄糖水平方面的确切作用机制的研究仍然有限。Tilden 等人于 2001 年首次证明褪黑激素作为神经激素，而不是介导 CHH 增加血淋巴葡萄糖水平。此外，Sainath 和 Reddy 阐明了褪黑激素调节血淋巴糖水平的机制。对淡水稻田蟹（*Oziotelphusa senex senex*）褪黑激素系统的研究表明，褪黑激素通过激活肝胰和肌肉组织中的糖原磷酸化酶来诱导完整和无眼柄螃蟹的高血糖。由于无眼柄螃蟹也由褪黑激素诱导高血糖，因此可以推断，淡水稻田蟹中的褪黑激素诱导高血糖与 CHH 诱导高血糖无关。这些研究结果强调了褪黑激素在甲壳动物中作为一个重要的内分泌调节因子的作用，并且为进一步探索褪黑激素与其他内分泌系统的相互作用提供了基础。

褪黑激素在脊椎动物中通过特定的褪黑激素受体发挥作用。有研究人员提出，褪黑激素受体对于 G 蛋白偶联系统非常特异，并且还能激活脊椎动物组织中的腺苷酸环化酶。腺苷酸环化酶的激活会导致 cAMP 的产生，而 cAMP 通过蛋白激酶 A 的激活进而磷酸化酶，从而促进糖原的分解。随着糖原的分解，产生的葡萄糖会渗入血淋巴，导致血糖水平升高。因此，根据这些证据，可以推测褪黑激素在诱导螃蟹高血糖方面的作用机制可能是通过激活腺苷酸环化酶的受体介导的相互作用来实现的。然而，为了进一步验证这一假设，需要更多的信息和研究数据的支持。

综上所述，甲壳动物中的血糖调节涉及多种激素和内分泌系统的复杂调控。CHH、ILPs 和 IGFs 作为关键的调节因子参与调节血糖代谢和能量平衡，在昼夜节律、营养摄取和应激反应等方面发挥着重要作用。同时，褪黑激素作为光周期的化学信使，也参与调节甲壳动物的血糖水平，并可能与其他内分泌系统相互作用。尽管科学家们目前已经取得了一些关于这些激素在血糖调节中的初步认识，但对它们的作用机制、相互关系以及在昼夜节律调节中的具体作用仍需进一步深入研究。未来的研究可以重点探究这些激素之间的相互作用、调节机制以及与环境因素的关联，以全面理解甲壳动物血糖调节的生理和分子机制，为相关疾病的预防和治疗提供新的思路和方法。

第二节　昼夜节律与蛋白质代谢

昼夜节律对生物体内多个生理过程，包括蛋白质代谢，具有深远的影响。这种内在的生物钟调控机制确保生物体能在适宜的时间进行关键的代谢活动，如蛋白质的合成与分解，从而优化能量利用和生理功能。在不同的昼夜时段，蛋白质代谢的速率和模式可能会有所不同，影响个体的健康、生长和繁殖等方面。探究昼夜节律如何调节蛋白质代谢，不仅能深化我们对生物钟作用机制的理解，还能为调节人类及其他生物的健康和疾病状态提供新的视角。

对于甲壳类动物而言，蛋白质是维持其正常结构和功能的重要组成部分。蛋白质具有多种功能，包括构建器官、组织和细胞，调节生命活动以及提供能量等。据报道，甲壳类动物体内高达70%的成分由蛋白质构成。这些生物需要从食物中获取蛋白质以获得必需的氨基酸，因为它们无法自行合成所有必需氨基酸。在生长过程中，不论是在自然环境还是人工养殖条件下，甲壳类动物体内组成的主要积累是蛋白质。因此，无论是以动物性还是植物性食物为主，蛋白质消化和代谢都需要消化酶来分解蛋白质，从而释放出氨基酸，以满足其营养需求。消化酶在这一过程中扮演着重要角色。

一、昼夜节律对甲壳动物蛋白质合成的影响

甲壳动物的蛋白质合成速率在一天中的不同时段会发生变化，最高峰通常出现在特定的时间段内，这一现象在一些研究中已经得到了证实，特别是在蜕变周期和进食周期中。然而，尽管目前缺乏蛋白质合成与昼夜节律的直接相关研究，但可以确定的是，昼夜节律会影响甲壳动物的生活活动、蜕变和进食节律。因此，可以合理推测昼夜节律对甲壳动物的蛋白质合成也会产生一定的影响。

早期的研究已经观察到甲壳动物在蜕变前期通常表现出更高的蛋白质合成速率，而这一时段通常与白天相对应。在这个时段内，甲壳动物需要大量的能量来支持蜕变过程，因此蛋白质合成速率可能会显著提高。滨蟹最高的蛋白质合成速率出现在蜕皮前阶段（白天），而在蜕皮期间（夜晚），蛋白质合成速率大约为原来的1/20～1/15。此外，进食周期通常也与昼夜节律相关，甲壳动物在特定时间段内更活跃地摄食。如滨蟹鳃、肝胰腺、螯和心肌组织在摄食后3h内蛋白质合成速率达到峰值，经过16h，各种组织的蛋白质合成速率都恢复到饮食前的水平。因此，可以合理猜测，在进食高峰期，甲壳动物可能会增加蛋白质合成以应对更高的营养需求。

虽然尚未有直接研究探讨昼夜节律对甲壳动物蛋白质合成的影响，但从甲壳动物的生活策略和行为习惯可以得出，昼夜节律会对它们的蛋白质合成产生一定的影响。了解昼夜节律对甲壳动物的蛋白质合成的影响有助于我们更好地理解它们的生活方式和适应能力。此外，这也为甲壳动物养殖和保育提供了重要的参考，因为了解蛋白质合成的时间或日节律可以帮助优化饮食和养殖管理策略，以提高甲壳动物的生长和存活率。

二、昼夜节律对甲壳动物蛋白质代谢的影响

甲壳动物的蛋白质代谢在一天中呈现出明显的昼夜节律。尽管尚缺乏直接关于昼夜节律对甲壳动物蛋白质代谢的研究，但已有一些相关研究结果可以提供一些见解。这些研究观察了不同甲壳动物在不同时间点的蛋白酶活性和蛋白质合成率的变化。

一项针对墨西哥淡水虾幼体的研究发现，蛋白酶活性呈现出昼夜双峰节律，最低点通常出现在白天的 08:00 和 20:00 时，而在其他时间段则相对较高。这种活性波动可能受到自然光周期的影响，以及酶浓度和基础水平的变化。值得注意的是，胰蛋白酶活性在 12:00 时达到最低点，然后逐渐增加，直到在 24:00 时达到最高值。这一结果表明，在一天中的不同时间段，虾类的蛋白酶活性存在显著差异。

另一项针对凡纳滨对虾的研究分析了其在 24h 内的总蛋白酶、胰蛋白酶和糜蛋白酶活性的变化，旨在了解养殖中其消化系统的昼夜节律。结果显示，最高的总蛋白酶和胰蛋白酶活性出现在 18:00，与其他时间段相比差异显著。这种活性的波动可能与虾类的活动习惯相关。与之类似的，研究还发现，在同一时期，加勒比海虾的蛋白水解活性也显著增加，这进一步强调了昼夜节律活动与蛋白质消化酶的可用性之间的联系。此外，研究还表明，不管虾类是否进食，总肽酶、胰蛋白酶和胰凝乳蛋白酶活性没有显著差异，这表明消化酶的分泌似乎不依赖于食物的存在。这一发现进一步强调了昼夜节律对虾类蛋白质代谢的影响。

另一项关于南极磷虾的研究特别关注了胰蛋白酶。研究发现，胰蛋白酶在转录丰度和酶活性上均呈现出双峰型昼夜振荡，周期约为 9～12h。这表明昼夜节律对甲壳动物蛋白质代谢产生了影响，尤其是涉及胰蛋白酶的消化过程。

总的来说，尽管尚缺乏关于昼夜节律对甲壳动物蛋白质代谢的深入研究，但已有的一些观察结果表明，不同时间点的蛋白酶活性和蛋白质合成率存在显著的变化。这些研究结果为进一步探讨昼夜节律如何影响甲壳动物的蛋白质代谢提供了有益的线索，也为优化养殖管理和饮食策略提供了参考依据。

第三节　昼夜节律与脂类代谢

脂类不仅是甲壳动物生长发育所需能量的主要来源，也是其生物膜结构的重要组成成分，特别是其中的多不饱和脂肪酸、磷脂和胆固醇，对虾蟹的成活和生长有重要影响，并与其蜕皮、生殖等生命活动密切相关。甲壳动物体内脂肪的来源可以分为内源性和外源性两种，内源性脂肪来自体内的氨基酸和糖类转化，而外源性则来自食物中的脂肪。在甲壳动物中，脂肪不仅是细胞膜的关键组成部分，还通过氧化供能、转化为非必需氨基酸和糖类来为机体提供能量。同时，脂类稳态在维持甲壳动物的代谢健康方面发挥着至关重要的作用。越来越多的证据表明，生物钟系统确保了脂类稳态的时间协调，而这种昼夜调节的扰动会导致包括肥胖和 2 型糖尿病在内的代谢紊乱的发展。

一、昼夜节律对甲壳动物胆固醇水平的影响

胆固醇，一种存在于大多数真核细胞膜中的类固醇，主要存在于动物体内，如内脏和大脑。它调节细胞膜的性质和相关酶活性，并构成脂蛋白复合体的一部分。动物体内的胆固醇分为内源性和外源性两种，内源性主要在肝脏合成，而外源性来自食物。甲壳动物无法从头合成胆固醇。胆固醇在血液中以脂蛋白形式运输，涉及低密度和高密度脂蛋白。对于甲壳动物而言，胆固醇在其生长、性腺发育和繁殖中发挥关键作用，特别是作为某些荷尔蒙的前体，间接调控蜕皮和繁殖等生理过程。

甲壳动物的胆固醇含量具有明显的季节节律，在秋季，变异溪虾（*Parastacus varicosus*）血淋巴中的胆固醇含量会减少，这可能与性激素的合成有关。胆固醇是细胞膜的结构成分，也是甲壳动物生殖控制中涉及的性激素的前体。雌性甲壳动物在肝胰腺和肌肉组织中的胆固醇储备表现出差异性反

应，这些胆固醇储备在春季和夏季分别显著减少。春季，雄性大西洋幽灵蟹（*Ocypode quadrata*）血淋巴中总胆固醇水平明显下降，而雌性个体冬季总胆固醇水平显著增加。研究结果表明，在雄性和雌性中，脂质似乎是繁殖过程中使用的重要能量储备，而糖原可能在剧烈活动或禁食期间使用。这可能与繁殖期有关，因为在繁殖前卵巢中的胆固醇水平会增加，这在帕拉莫斯虾（*Aristeus antennatus*）、长鼻虾（*Parapenaeus longirostris*）和挪威海螯虾都发现了类似的结果。

研究表明，螯虾体内的胆固醇合成呈现出昼夜节律，夜间合成水平较高，而白天较低。这种节律性的调节主要是通过调节关键的脂质合成酶来实现的，其中包括 HMG-CoA 还原酶等脂质合成关键酶的昼夜节律表达。具体来说，在螯虾体内，HMG-CoA 还原酶是胆固醇生物合成途径中的一个重要酶，负责催化 HMG-CoA 向胆固醇的合成。研究表明，在螯虾的肝脏和肠道等组织中，HMG-CoA 还原酶的表达呈现出明显的昼夜节律模式。在夜间，这些组织中的 HMG-CoA 还原酶表达水平较高，促进胆固醇的合成；而在白天，其表达水平则较低，胆固醇的合成活性也相应减弱。

昼夜节律可能影响胆固醇的吸收和代谢，进而影响甲壳动物的生理功能。此外，环境因素如光照和温度可能通过影响昼夜节律进一步影响胆固醇代谢。理解这一过程对于改善养殖实践和营养策略具有重要意义。

二、昼夜节律对甲壳动物脂质代谢和运输的影响

昼夜节律在甲壳动物的脂质代谢和运输中扮演着重要的角色。研究表明，在甲壳动物中，脂质的合成、代谢和运输受到昼夜节律的调控。研究发现，在凡纳滨对虾中已经观察到脂质运输活动呈现昼夜变化的趋势。研究表明，凡纳滨对虾是光周期敏感的动物，其活动和生理过程受到日夜变化的影响。在实验中，研究人员观察到对虾在光照条件下的摄食和运动活动在昼夜之间存在明显的差异。这种昼夜变化可能导致对虾体内的脂质运输活动也随之发生变化。

进一步的研究表明，凡纳滨对虾的脂质运输活动受到多种因素的调节，其中包括光照、温度和其他环境条件。这些因素可能通过影响相关基因的表达水平和脂质代谢途径来影响对虾体内脂质的运输。例如，光周期可能通过影响神经递质的释放和激素水平来调节脂质代谢和运输过程。此外，温度变

化也可能直接或间接地影响脂质运输通路中的关键基因的表达和活性。因此，凡纳滨对虾作为甲壳动物的典型代表，显示出脂质运输活动受到昼夜节律调节的特点。这一发现不仅有助于更好地理解甲壳动物的生物学节律和适应性，还为进一步研究昼夜节律在脂质代谢和运输中的作用提供了重要线索。

昼夜节律对甲壳动物的脂质吸收和运输确实具有显著影响。研究表明，在甲壳动物的肠道上皮细胞中，脂质吸收在夜间更为活跃，这与特定蛋白质的表达水平呈现出相似的昼夜节律模式。其中包括 stearoyl-CoA 脱饱和酶-1（SCD-1）、脂肪酸合成酶（FAS）等。这些基因在肠道上皮细胞中的表达受到昼夜节律的调控，与食物摄入同步。然而，当昼夜节律受到损害时，甲壳动物的这种调节机制可能会丧失，导致白天脂质吸收的增加。

除了影响脂质吸收外，昼夜节律还在甲壳动物的胆固醇代谢中发挥着重要作用。例如，昼夜节律和 *ApoE* 基因双突变的甲壳动物表现出高胆固醇血症，这可能与胆固醇吸收的增加有关。在人类研究中，*apoB48* 的表达也显示出昼夜节律，尤其在高脂负荷后，其表达水平受食物摄入的影响较小。这些发现突显了昼夜节律在甲壳动物脂质代谢中的关键作用，不仅有助于我们更好地理解甲壳动物生物学节律的调节机制，也为进一步研究脂质代谢失调和相关疾病的治疗提供了重要线索。

三、昼夜节律对甲壳动物脂质合成的影响

昼夜节律对甲壳动物的脂质合成具有显著影响。首先，昼夜节律调节关键脂质生物合成酶的表达水平。例如在樱虾（*Euphausia pacifica*）中，已经观察到脂质合成活动在夜间显著增加的现象。樱虾通常在夜间进行捕食和进食，而白天则更多地进行休息和其他生活活动。因此，夜间活跃期间，樱虾的代谢水平相对较高，包括脂质合成。与此同时，白天休息期间，脂质合成活动则相对较少。因此，昼夜节律不仅影响脂质合成的时机，还可能调节脂质生物合成途径的整体活性。

脂质生物合成的昼夜节律表达可能受到多种因素的调控。除了光照时间之外，食物摄入也可能是影响昼夜节律的重要因素之一。研究表明，胆固醇生物合成和 HMG-CoA 还原酶表达似乎受到食物摄入的影响。这意味着甲壳动物可能会在进食时调整脂质合成的活性，以适应能量需求和营养摄入的

变化。如中华绒螯蟹会在进食时调整脂质生物合成的活性，以适应能量需求和营养摄入的变化。这种调节机制使甲壳动物能够在不同的营养状态下保持脂质合成途径的平衡和稳定。

此外，肠道中胆汁酸的合成和分布也受到昼夜节律的调节。在甲壳动物中，血清、肝脏、胆囊和肠道中的胆汁酸分布遵循昼夜节律，但具体的调节模式在不同的器官中可能存在差异。如在克氏原螯虾中，血清中胆汁酸的浓度在夜间通常会显著升高，而在白天则会降低。这种昼夜变化可能与克氏原螯虾在夜间更活跃地进行食物摄取和消化有关。在进食后，克氏原螯虾的肝脏和胆囊中胆汁酸的合成和释放量也会相应增加，以促进脂质的消化和吸收。此外，这种昼夜节律调节可能与甲壳动物对食物的消化和吸收有关，进而影响脂质的代谢和利用。

甲壳动物中与脂质合成调节相关的时钟基因也在不同组织中表达，并可能参与昼夜节律的调节过程。时钟基因的突变可能会影响脂质合成途径的昼夜节律表达，导致脂质代谢紊乱和相关代谢疾病的发生。因此，昼夜节律对甲壳动物脂质合成的影响是一个复杂而多层次的过程，涉及多种调节机制的相互作用。

第五章

甲壳动物昼夜节律与免疫

免疫系统是一套复杂的生理机制，其主要目的是保护机体免受来自外界的非自身物质侵害，包括病原体（如细菌、病毒、寄生虫）和癌细胞。最初的免疫节律研究始于1960年，当时发现在小鼠的先天免疫系统中，对大肠杆菌内毒素的易感性在24小时内呈现显著的变化。在小鼠皮下接种双球菌的研究中，无论细菌剂量如何，凌晨4时感染的小鼠的存活率都高于上午8时、中午12时和晚上8时感染的小鼠。后续的研究证实，小鼠的后天适应性免疫系统的组分也依赖于昼夜节律。这清楚地显示，在小鼠中，抗细菌反应水平可能因细菌感染的时间而异，可能由于涉及抗细菌反应的一个或多个生物过程存在节律现象。可能的机制包括宿主在感染过程中激素和/或酶分泌的日常差异。

为了彻底调查生物免疫系统的昼夜变化，研究使用果蝇（*Drosophila melanogaster*）作为模型。研究结果表明在12h/12h（LD）的光暗条件下饲养的果蝇在白天7:00接种链球菌肺炎双球菌时，死亡速度比在晚上19:00接种的果蝇更快。接种后10h，保持在恒定黑暗中的果蝇在5:00感染的细菌负荷较高，存活率较低，比在17:00感染的果蝇存活率低。这些数据反映了生物体免疫系统适应昼夜信号的能力，存在对抗细菌的时间性抵抗，可能是通过对一些免疫基因表达的昼夜调控来实现。

目前可以确定是，免疫细胞数量、迁移和功能都受到昼夜生物钟的调控。循环的白细胞数量会在哺乳动物的血液中波动，在白天阶段的小鼠和夜晚阶段的人类（为各自的“夜间”，即睡眠时间）达到峰值。（图5-1，ZT

指实验时间，与昼夜节律（光或温度）的开始相关。ZT0 是从黑暗到光亮的过渡时间，而 ZT12 是从光亮到黑暗的过渡时间）。植物通过各种策略激活定时防御，以预测病原体和害虫的日常攻击。昼夜生物钟还调节白细胞在身体各个部位的迁移，有效地在一天内对特定部位的白细胞数量进行门控。

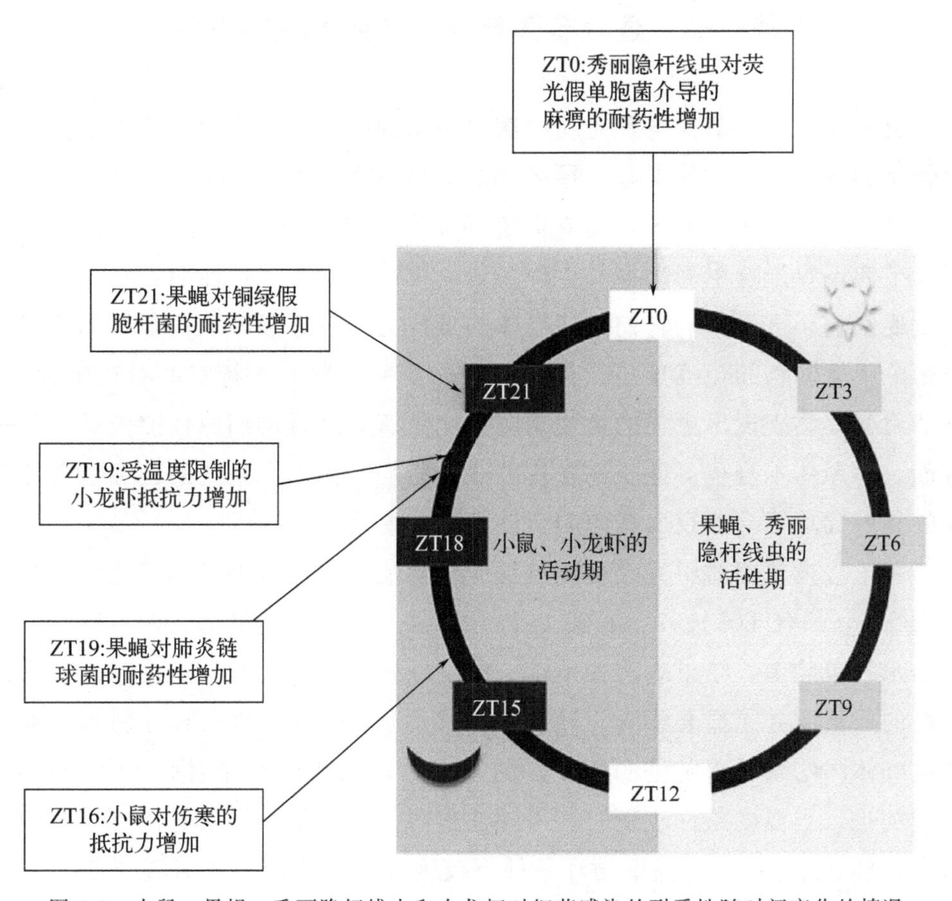

图 5-1　小鼠、果蝇、秀丽隐杆线虫和小龙虾对细菌感染的耐受性随时间变化的情况

在自然界的无数生物之中，甲壳动物以其独特的生存方式和显著的经济价值脱颖而出。然而，其复杂的生活环境也使它们不可避免地受到各种病原体的威胁。面对病原体的威胁时，甲壳动物的免疫系统扮演着至关重要的角色。甲壳动物缺乏获得性免疫系统，主要依赖先天性免疫系统防御病原。甲壳动物的先天性免疫过程包括细胞免疫和体液免疫。细胞免疫包括吞噬作用、包囊作用、结节生成等。吞噬作用能够清除较小的病原，而当病原较大时，多个血细胞会共同作用，形成包囊或结节将病原包裹。体液免疫由血淋

巴中多种免疫因子共同参加发挥作用，这些免疫因子包括酚氧化酶系统成分、凝集素、抗菌肽等。在过去的十年中，对甲壳动物肠道免疫的研究也越来越多，但与昼夜节律的关系目前还不清晰。因此，本章将深入探讨昼夜节律与甲壳动物的免疫系统之间的关系。

第一节　昼夜节律与甲壳动物病原的关系

近年来，昼夜节律与甲壳动物病原关系的研究已经成为水产养殖和水生生物学领域的一个重要课题。甲壳动物，尤其是经济价值高的品种如虾蟹，由于其免疫系统相对简单，使它们容易受到各种病原体的侵袭。研究显示，昼夜节律不仅影响甲壳动物的生理和行为模式，而且还可能对其免疫系统产生重要影响，进而影响它们对病原体的抵抗力。一方面，昼夜节律的变化直接影响甲壳动物的免疫反应。例如，一些研究发现，在特定的昼夜节律下，某些甲壳动物表现出更强的免疫响应，能更有效地抵御病原体的侵袭。另一方面，病原体本身也可能受到昼夜节律的影响。例如，某些细菌和病毒在不同的光照周期下会表现出不同的活性和繁殖能力。

关于昼夜节律对甲壳动物免疫反应的影响的研究较多。如将克氏原螯虾分别在 5:00（CT05）、7:00（CT07）、19:00（CT19）和 21:00（CT21）注射嗜水气单胞菌，结果表明在恒定的温度条件下，四个时间点注射对克氏原螯虾的成活率并无显著影响。随后，在注射后 3h、6h 和 12h 分别测定克氏原螯虾体内嗜水气单胞菌的浓度，结果表明白天或夜晚注射并无显著差异。有趣的是，当温度条件改变时，不同注射时间点会显著影响克氏原螯虾的成活率，即 24℃/18℃的温度循环条件下夜晚注射组成活率显著高于白天，而 18℃/24℃的温度循环条件下，白天注射组成活率显著高于夜晚（图 5-2）。克氏原螯虾分别经历了不同的温度条件：A 组［图 5-2(A)］为 24℃/18℃的温度循环，12h/12h；B 组［图 5-2(B)］、C 组［图 5-2(C)］、D 组［图 5-2(D)］为分别持续 18℃、21℃、24℃的恒定温度；E 组［图 5-2(E)］为 18℃/24℃的反向温度循环，12h/12h。数据来自三次独立实验，在恒定黑暗条件下进行。每个时间点的数据基于 100 只克氏原螯虾，误差条表示标准误。受温度循环影响的克氏原螯虾在 5:00 组和 19:00 组之间表现出明显不同的细菌滴度。

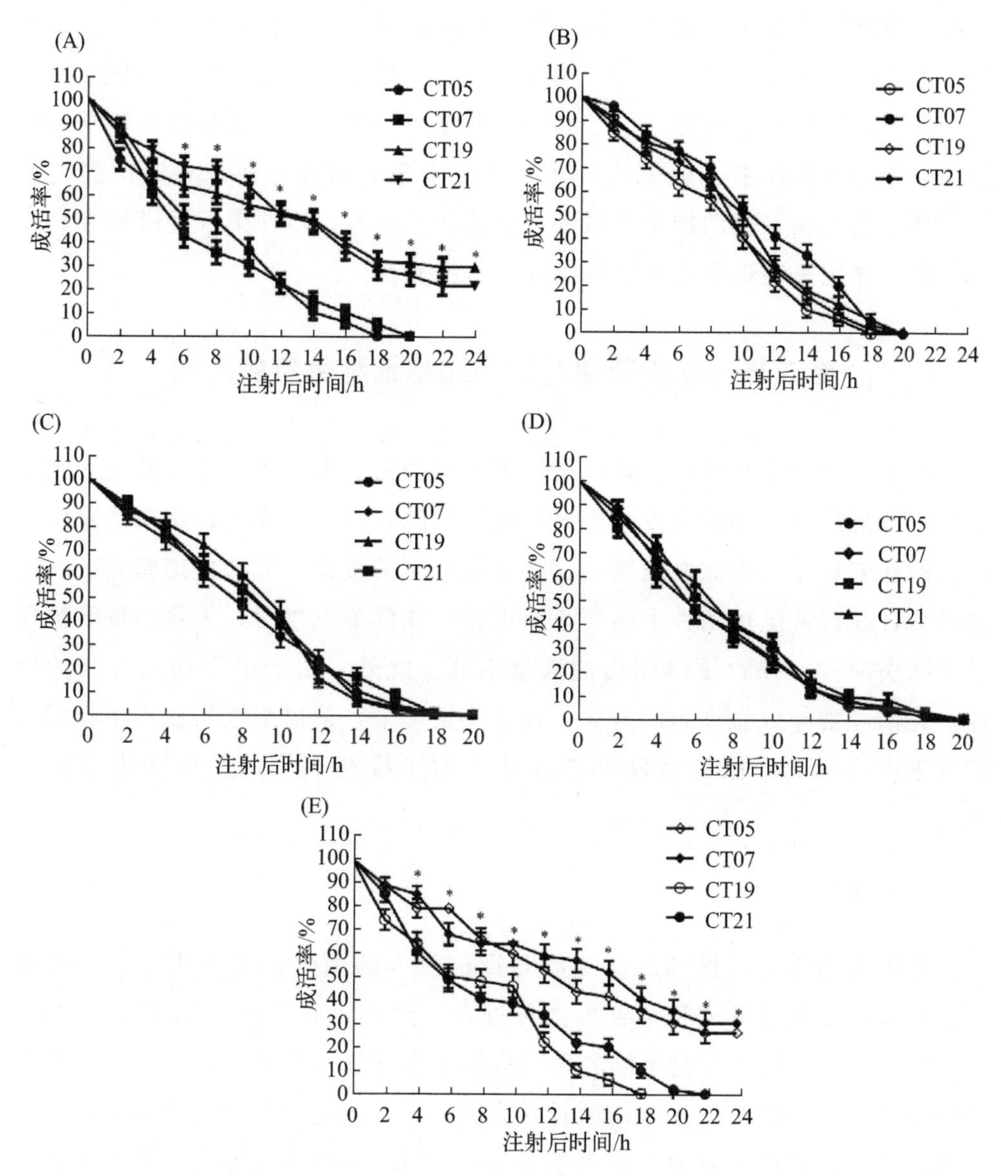

图 5-2 感染嗜水气单胞菌后，克氏原螯虾在 CT05、CT07、CT19 和 CT21 时间点的存活比例随时间的变化

这一发现表明，昼夜节律对甲壳动物免疫系统的影响可能与环境温度密切相关。环境温度的变化可能通过影响昼夜节律来改变甲壳动物的免疫反应。这种相互作用指出了一个复杂的调控网络，其中昼夜节律、环境因素和甲壳动物的免疫响应相互影响。此外，这些研究也揭示了昼夜节律在预防和控制甲壳动物疾病中的潜在应用。例如，通过调整光照周期或温度循环，可

能可以增强甲壳动物的免疫反应，从而提高其对特定病原体的抵抗力。这种方法在水产养殖业中具有实际应用价值，尤其是在面临病原体暴发风险时。

然而，尽管这些研究提供了有价值的见解，但甲壳动物昼夜节律与病原体相互作用的具体机制仍需进一步探索。未来的研究需要综合考虑昼夜节律、环境因素和甲壳动物免疫系统之间的相互关系，以便更好地理解和利用这些相互作用来促进甲壳动物健康和疾病控制。

第二节　昼夜节律对甲壳动物细胞免疫的影响

甲壳动物的细胞免疫是其抵御外来病原的第一道防线，也是其最为主要的免疫防御措施。细胞免疫主要通过血细胞的吞噬、包囊等作用来清除侵入体内的外来病原，因此血细胞在这类反应中至关重要。成熟血细胞具有一定的寿命，在正常生理条件下需要不断更新。在感染发生时，大量血细胞被用于清除病原体，导致短时间内的大量消耗。此外，由于甲壳动物好斗的特性，外伤经常导致血细胞的流失。在这些情况下，造血组织需要产生新的血细胞来进行补充，因此活跃的造血能力对于维持机体的健康和生存至关重要。

一、血细胞

在甲壳动物中，循环的血细胞对抵抗侵入的微生物至关重要，参与识别、吞噬、黑色素形成和细胞毒性等过程。此外，血细胞数量（Total haemocyte count，THC）在不同的免疫应激状态下发生明显变化。当外来病原体较小时，血细胞通过吞噬作用吞入病原体，在细胞内部将病原杀灭；而当入侵的病原体或寄生虫的个体大于 10μm 时则以多个血细胞的包囊作用或凝集作用来完成。因此，THC 是衡量甲壳动物免疫状态的重要指标，在正常状态下，虾类的血细胞数量会保持在一定的范围内；而在遭受胁迫或病原体感染的状态下，THC 则往往呈现出下降的趋势。

目前的研究结果表明，甲壳动物的 THC 受昼夜节律调控。中华绒螯蟹的 THC 表现出昼夜节律。尽管在白天大部分时间，THC 值没有显著变化，但在 12:00 时（$3.91 \pm 3.34 \times 10^6$cells/mL）的 THC 值显著低于在 00:00 时（$9.99 \pm 0.49 \times 10^6$cells/mL）的 THC 值（$P < 0.05$）（图 5-3）。宽大太

平螯虾（*Pacifastacus leniusculus*）的 THC 显示出显著的昼夜节律性，峰值出现在 8:00，随后开始下降，在 16:40 时最低，并在午夜后再次开始增加。

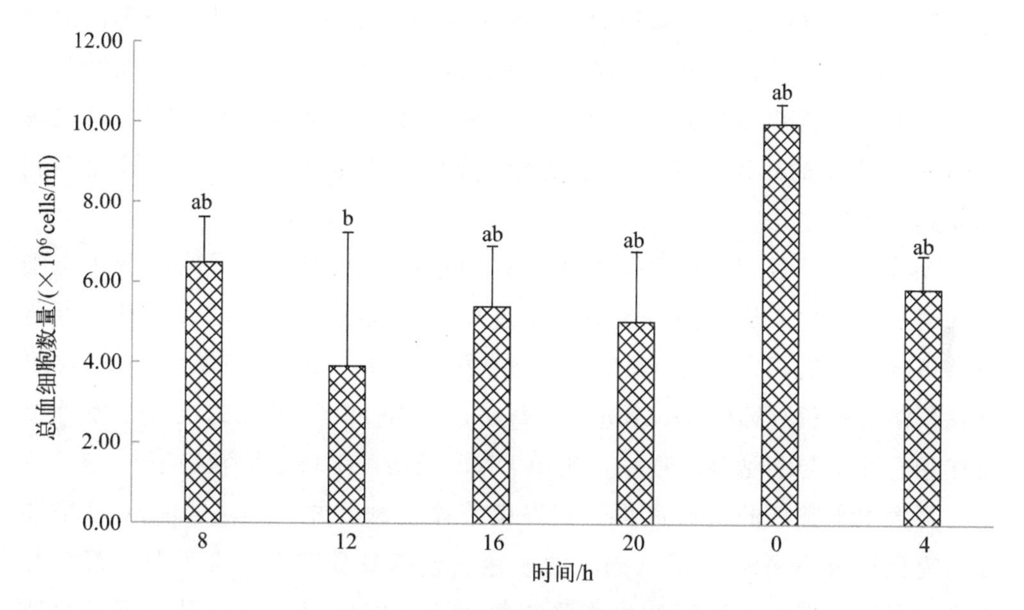

图 5-3 中华绒螯蟹总血细胞数量

然而，当外源条件干扰时，比如在克氏原螯虾中，血淋巴 THC 在温度循环中呈现循环波动，表现为在 CT18 和 CT0 观察到两个峰值。THC 的最低值出现在将克氏原螯虾从 24℃转移到 18℃时的 CT12。在 24℃阶段，特别是从 CT03 到 CT12，THC 保持相对较低水平。之后，观察到不断增加的 THC，直到观察到 THC 的一个峰值的 CT18。THC 的最高值出现在将克氏原螯虾从 18℃转移到 24℃时的 CT0。相反，在一直保持在 21℃恒温的克氏原螯虾中，THC 的变化呈无规律状态。这种节律性的变化在电磁场暴露等条件下都产生显著影响，如欧洲龙虾（*Homarus Gammarus*）在暴露于 2.8mT 的电磁场（EMF）后，THC 显著受到影响，导致在 12h 后均值降低，而在 6h 到 24h 之间显著增加。然而，在本研究中，在暴露于 500μT EMF 期间，8h 后 THC 显著升高。在暴露于对照组和 250μT 时，THC 在 24h 后显著下降，而在 500μT 和 1000μT 中没有检测到显著下降。总体而言，甲壳动物的 THC 昼夜节律在正常和外源条件下都展现出独特的动态特征，这为科学家们深入理解其免疫系统的调控机制提供了重要线索。

二、造血组织

甲壳动物中的血细胞（血胞）在免疫应答中发挥着重要作用，因此血细胞稳态的调控（造血）对动物的生存至关重要。在甲壳动物中，血淋巴细胞在循环系统中并不能分裂，它需要从造血组织中不断地产生。新的血细胞在造血组织中合成并部分分化，然后从干细胞最终分化为可分泌前酚氧化酶（proPO，重要的先天免疫反应的最终组分）的功能性血细胞，直到血细胞释放到循环中才完成。

Astakine是目前为止已知的最主要的造血生长因子，可促进造血干细胞的增殖和分化，从而调节造血和免疫反应。凡纳滨对虾的Astakine参与宿主抗病毒免疫，在防御WSSV感染中发挥作用。罗氏沼虾的Astakine可能在副溶血弧菌（*Vibrio parahaemolyticus*）和DIV1感染的反应中发挥重要作用，并参与细胞凋亡过程，避免DNA损伤，维持血细胞稳态。

宽大太平螯虾的造血过程受到昼夜节律控制，并受到Astakine严格调控。克氏原螯虾AST1和AST2的表达谱遵循每日节律，由于两者都参与造血过程，它们的波动表达水平将在每个实验时间点通过每日血细胞总数（THC）的波动反映出来。有趣的是，血细胞数量呈现出与*astakine 1* mRNA水平相似的模式。在2:00时，血细胞数量略高，之后不断增加，在8:00达到峰值。之后，在光照期间，THC减少，并在午夜后再次开始增加。

除了Astkine，细胞呼吸作用中产生的活性氧（Reactive oxygen species，ROS）也参与了无脊椎动物中的造血调节过程。尽管高水平的ROS对细胞有毒害作用，但是造血细胞中的ROS可以促进造血干细胞的增殖以及血细胞的分化。淡水龙虾中的报道表明造血组织增殖中心的高ROS水平可以促进其造血作用。在克氏原螯虾中，活跃增殖细胞所在的区域中检测到高水平的ROS，该区域中ROS水平通过昼夜节律进行调控，从而调节循环血细胞数量的昼夜变化。

第三节　昼夜节律对甲壳动物体液免疫的影响

由于甲壳动物缺乏淋巴细胞产生的抗体，其适应性免疫反应进化出了比脊椎动物更多样化的体液免疫机制。甲壳动物体液免疫系统由几种免疫因子组成，如各类抗菌因子、抗病毒因子、血凝因子、细胞激活因子、识别因子、凝集素、溶血素及溶菌酶、酚氧化酶等具有免疫活性的酶类。这类免疫因子的作用在于识别异物，然后通过凝集、沉淀、包囊、溶解等抑制病原体的繁殖和扩散，或者直接将其杀灭并排出体外；发挥调理作用，促进血细胞吞噬异物；还可能参与止血、凝固、物质吸收与运输及创伤修复等生理作用。

(一) 体液免疫相关酶

在甲壳动物中，溶菌酶和过氧化物酶类是体液免疫系统中的重要组成部分，通过溶解细菌细胞壁或产生氧化物质来杀死病原体。甲壳动物体液免疫系统中的溶菌酶和过氧化物酶等酶类表现出显著的昼夜节律变化，这一现象在多个研究中得到了验证。研究表明，这些酶的活性在不同的组织和时间段内呈现出明显的波动，这表明免疫系统对昼夜变化有敏感的调控机制。

以中华绒螯蟹为例，该物种的溶菌酶（LZM）、酚氧化物酶（PO）、酸性磷酸酶（ACP）、碱性磷酸酶（AKP）、超氧化物歧化酶（SOD）、谷胱甘肽酶（GPX）、过氧化氢酶（CAT）和丙二醛（MAD）等酶在不同组织中呈现昼夜节律，并存在组织差异性。在血淋巴中，GPX、SOD 和 LZM 在 12h 内表现出两个显著的峰值，MDA、AKP 和 PO 则呈现相似的趋势（图 5-4）。肌肉中，GPX、CAT、AKP、LZM 和 ACP 活性在 12:00 时显著高于其他时间。然而，MDA 和 SOD 的活性在 00:00 和 16:00 时分别显著升高（图 5-5）。鳃中的所有特定酶在清晨 00:00 至 08:00 时段表现出更高的活性（图 5-6）。这种昼夜节律的变化表明免疫酶的活性受到时间的调控。

在脊尾白虾中，溶菌酶活性在 12:00 时最低，随时间逐渐增加，于 24:00 时达到最高值。总超氧化物歧化酶活性和催化酶活性也表现出类似的趋势，在夜间这些酶的活性明显增强。CAT 在 24:00 的活性与其他采样时间显著不同。这些发现表明脊尾白虾的免疫酶活性在昼夜之间存在明显的差异，可能与生物体对外界环境的适应和防御机制有关。

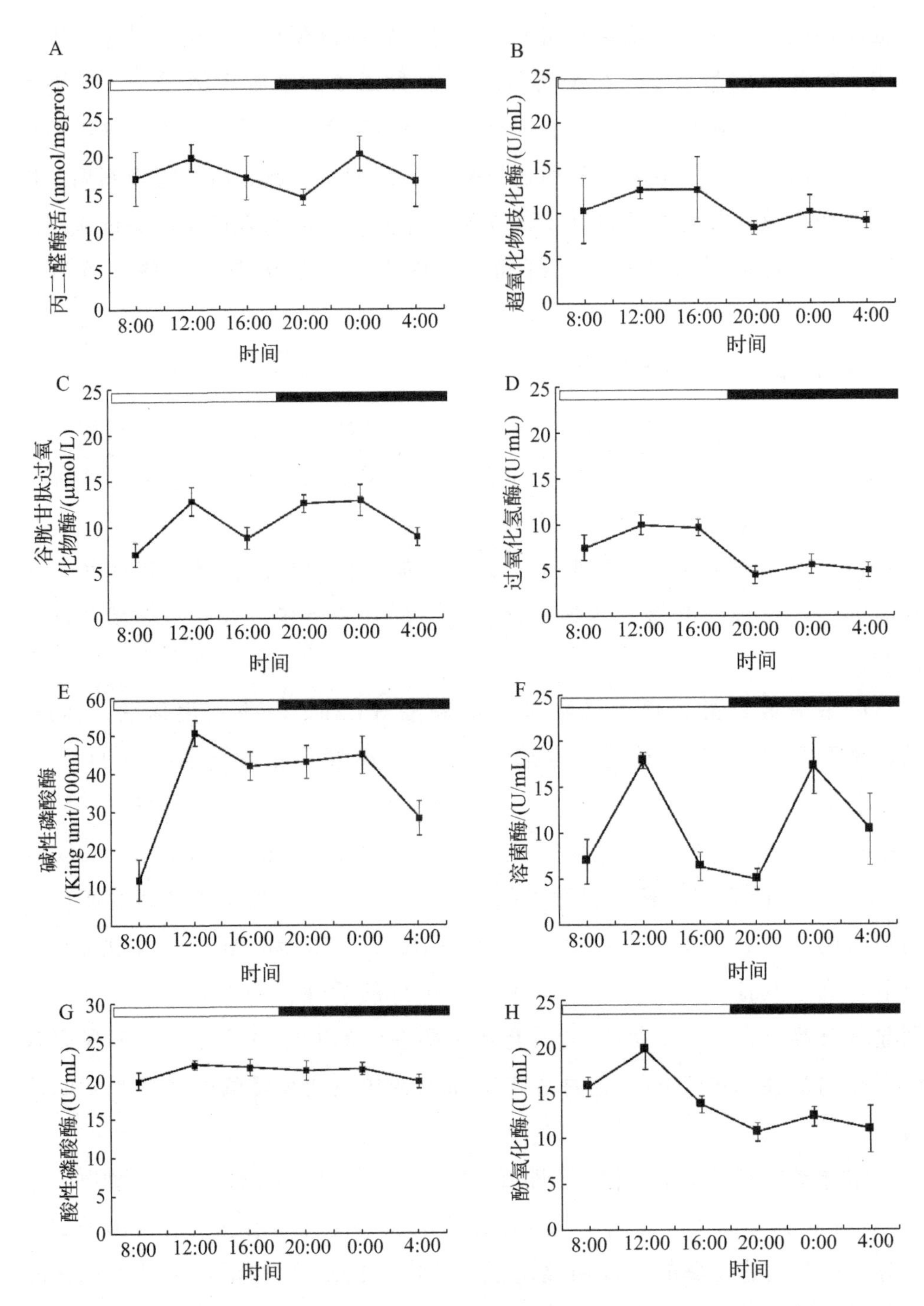

图 5-4 中华绒螯蟹血淋巴中丙二醛（MDA）、超氧化物歧化酶（SOD）、谷胱甘肽过氧化物酶（GPx）、过氧化氢酶（CAT）、碱性磷酸酶（AKP）、溶菌酶（LZM）、酸性磷酸酶（ACP）、酚氧化酶（PO）活性的日变化

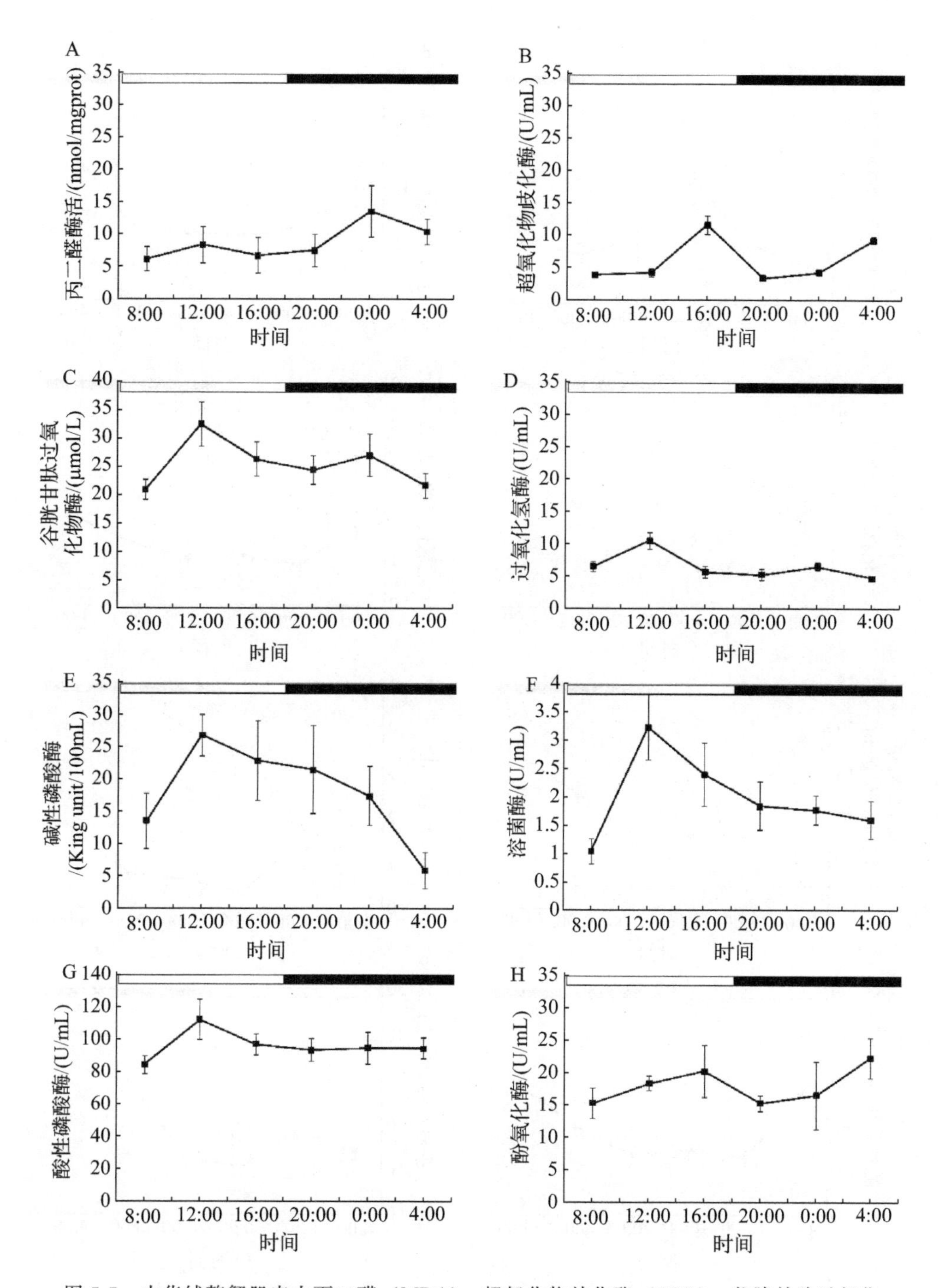

图 5-5　中华绒螯蟹肌肉中丙二醛（MDA）、超氧化物歧化酶（SOD）、谷胱甘肽过氧化物酶（GPx）、过氧化氢酶（CAT）、碱性磷酸酶（AKP）、溶菌酶（LZM）、酸性磷酸酶（ACP）、酚氧化酶（PO）活性的日变化

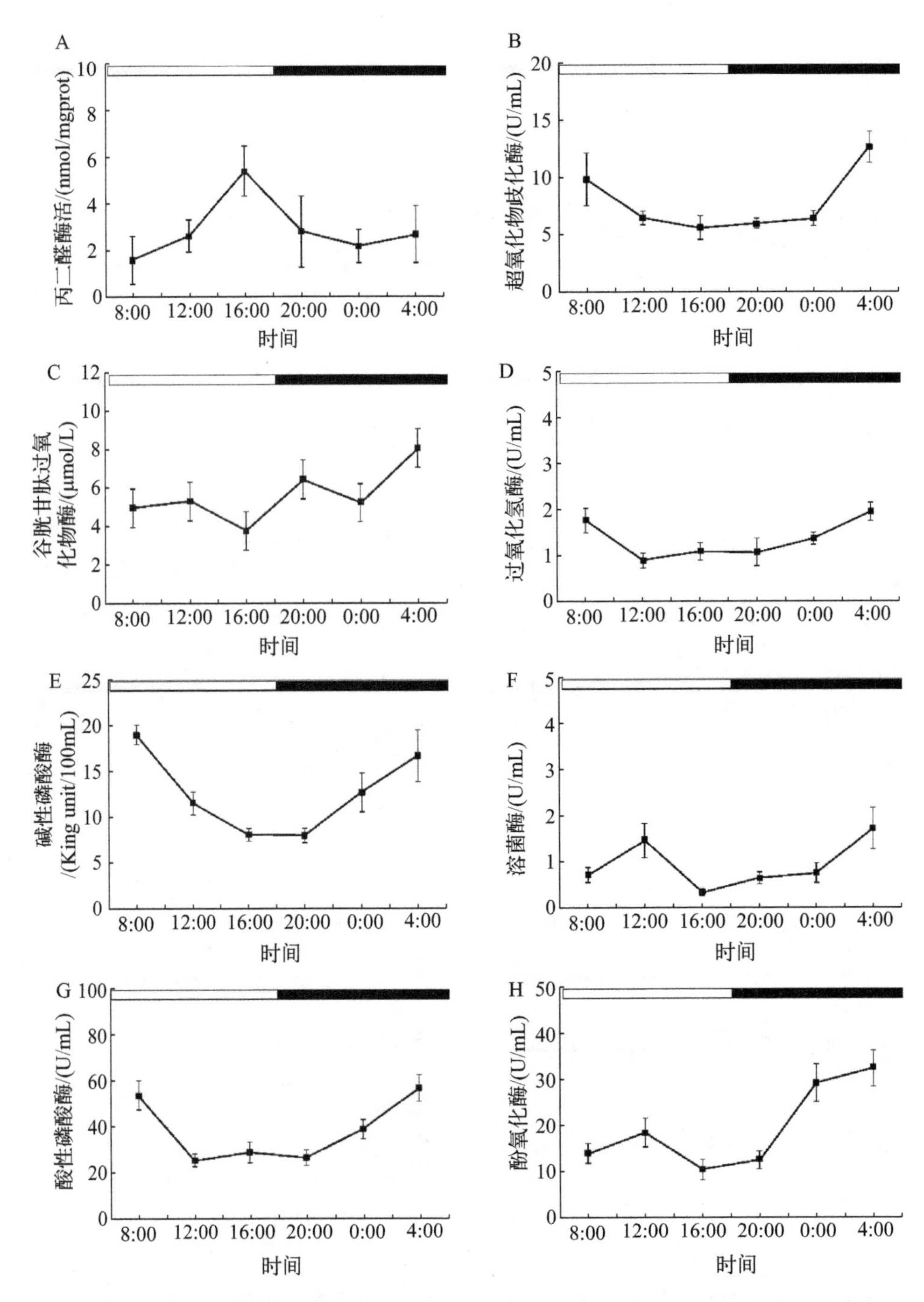

图 5-6 中华绒螯蟹鳃中丙二醛（MDA）、超氧化物歧化酶（SOD）、谷胱甘肽过氧化物酶（GPx）、过氧化氢酶（CAT）、碱性磷酸酶（AKP）、溶菌酶（LZM）、酸性磷酸酶（ACP）、酚氧化酶（PO）活性的日变化

此外，研究发现中华绒螯蟹血淋巴中的SOD、CAT和PO在光照阶段活跃，提示光照可能是影响体液免疫酶昼夜节律的一个关键因素。光照作为昼夜变化的主要因素，可能通过调节免疫细胞的活性、激素水平或其他信号通路，影响体液免疫反应。这为未来的研究提供了一个重要的方向，需要深入探讨光照如何调控甲壳动物体液免疫系统，以及这种调控是否在其他种类的甲壳动物中也存在。

并且不同组织中酶活性的差异性表明可能存在组织特异性的调控机制。这可能涉及组织特异性的基因表达、细胞组成以及局部免疫微环境等因素。深入了解这些差异性有助于揭示甲壳动物免疫系统中复杂的调控网络，为设计更有效的免疫策略提供理论基础。这些昼夜节律的发现不仅为了解甲壳动物体液免疫系统的生物学基础提供了重要线索，同时也为人类免疫系统的研究提供了新的视角。进一步的研究可以通过整合转录组学、蛋白质组学等高通量技术，深入解析免疫相关基因的表达谱系，以及这些昼夜节律变化的分子机制。这对于甲壳动物养殖、疾病防控以及人类免疫调控方面都有着重要的启示。

（二）酚氧化酶系统

在甲壳动物的体液免疫系统中，酚氧化酶系统（proPO系统）起着至关重要的作用。该系统中的免疫因子以非活化状态存在于血细胞中。当受到病原刺激后，这些因子被释放到血淋巴中，在酚氧化酶原激活酶（prophenoloxidase activating enzyme，ppA）的作用下转化为能产生黑化作用的酚氧化酶（PO）。这一过程是甲壳动物对抗病原入侵的关键步骤。免疫因子通过血细胞的吞噬、包裹和结节形成等多种方式参与抵御病原的反应，形成一种复杂而高效的防御机制。因此，PO活力的变化可作为衡量甲壳动物机体免疫功能强弱的常用指标。

研究表明，克氏原螯虾的*prophenoloxidase*（*proPO*）基因表达呈现显著的昼夜节律。有趣的是，*proPO*的表达模式与*Ast1*相似，白天水平较高，夜晚较低。这种昼夜节律的变化可能反映了免疫系统对环境因素的敏感性，提高了抗病原的效能。对于中华绒螯蟹而言，在连续光照的条件下，proPO激活系统中的原酚氧化酶（proPO）和丝氨酸蛋白酶（kazal型丝氨酸蛋白酶抑制剂1和丝氨酸蛋白酶抑制剂3）上调。此外，谷胱甘肽过氧化物酶3在连续光照下显著下调，而环氧合酶在连续光照和黑暗环境下上调。

这些发现强调了昼夜节律对于酚氧化酶系统的调控，为理解甲壳动物的免疫时钟提供了关键线索。

此外，最近的研究也在其他甲壳动物中发现了类似的昼夜节律。例如，脊尾白虾的 proPO 系统在一天的不同时间呈现出不同的活性水平。研究显示，克氏原螯虾的 *proPO* 基因在白天表达较高，夜晚则表达较低，与其免疫功能的昼夜节律相一致。这一发现表明，酚氧化酶系统的昼夜节律可能在不同种类的甲壳动物中普遍存在，为进一步揭示其调控机制提供了更多的研究方向。未来的研究可以进一步深入探讨这些调控机制的分子基础，以及它们在甲壳动物免疫防御中的确切作用。

（三）凝集素

凝集素是甲壳动物体液免疫系统中的重要组成部分，虽然不具有免疫球蛋白等高度特异性免疫因子，但在免疫反应中仍发挥着关键作用。甲壳动物的凝集素通常是外源凝集素，是一类对特定细胞多糖具有结合亲和力的蛋白质或糖蛋白复合物。这些凝集素具有多价构型，能够选择性地凝聚某些脊椎动物血细胞和微生物细胞。其主要功能包括使血淋巴中的异物分子发生凝聚，同时具有调理作用，将结合的异物分子传递给血细胞，由血细胞完成最终的吞噬杀灭作用。

有趣的是，凝集素的活性和功能也受到昼夜节律的调控。研究表明，甲壳动物体液中的凝集素在一天的不同时间呈现出昼夜变化。如蚤状溞的 *CTLs* 基因表达具有显著的昼夜节律，即在午夜达到峰值，在下午最低。

这种昼夜节律的变化可能与环境因素，尤其是光照周期的改变密切相关。在虾类和蟹类等某些甲壳动物中，凝集素的活性似乎在光照阶段表现出显著的活跃。这提示光照可能是调控凝集素昼夜节律的一个关键因素。在昼间，当环境中存在光照时，凝集素可能表现出更高的活性，为甲壳动物在白天应对病原体的侵袭提供了额外的免疫支持。

（四）凝血因子

由于甲壳类动物具有开放循环，并且这些动物生活在或多或少具有微生物悬浮液的环境中，因此凝固对于避免血淋巴损失并允许将微生物快速捕获到凝块和伤口部位非常重要。甲壳类动物的凝血反应是由血细胞中的转谷氨酰胺酶引发的，该酶从细胞中释放出来，导致血浆凝血蛋白相互交联。这种血浆凝固蛋白属于卵黄蛋白原超家族，除了参与凝血、黑化、吞噬作用和包膜等直接免疫反应外，还是不同抗菌肽、凝集素、蛋白酶抑制剂和调理素的重要供应者。

先前的研究已证实，转谷氨酰胺酶的变化会影响虾的基因表达，并导致甲壳类动物和溶菌酶显著减少。此外，有研究人员在克氏原螯虾血淋巴中发现高转谷氨酰胺酶活性，并发现可以通过 Ast1 处理间接阻断转谷氨酰胺酶活性，这清楚地表明了转谷氨酰胺酶在造血中的重要作用。转谷氨酰胺酶活性很可能参与昼夜节律调控，这一点也在中华绒螯蟹中得以证实。

（五）抗菌肽

抗菌肽是一类广泛存在于甲壳类动物免疫系统中的小分子蛋白，它们在直接对抗病原体和微生物方面发挥着关键作用。这些抗菌肽通常具有多功能性，包括直接溶解微生物细胞膜、促进炎症反应和调节免疫反应等功能。根据结构的不同，甲壳动物的抗菌肽可分为对虾素、甲壳素和抗脂多糖因子三类。在甲壳动物中，抗菌肽的产生和活性可能受到昼夜节律的调控。

以虾类为例，研究表明某些抗菌肽的表达可能呈现昼夜变化。典型的抗菌肽，如亮氨酸-色氨酸寡肽（LW-1），在一天的不同时间点可能表现出活性的波动。通过对 24h 内不同时间段中华绒螯蟹的转录组测序发现，血淋巴中甲壳素基因表达量在 18:00 显著下调，并且抗脂多糖因子也具有明显的昼夜节律性。此外，甲壳类动物可能通过调控抗菌肽的表达来适应不同的免疫需求。在面临环境条件改变时，抗菌肽的昼夜表达模式可能发生变化，以增强免疫效应。如克氏原螯虾的抗菌肽相关基因表达的昼夜节律受温度的调控。这种动态调整可能有助于提高甲壳类动物在不同免疫状态下对抗病原体的能力。

总体而言，抗菌肽作为甲壳类动物免疫系统的重要组成部分，其昼夜节律的调控机制提供了更深入了解这些天然防御分子在不同时间点如何应对外界威胁的机会。深入研究抗菌肽的昼夜节律变化有助于揭示甲壳类动物免疫系统的动态调控策略，为未来免疫学和生物钟研究提供有价值的参考。

昼夜节律对甲壳动物体液免疫的昼夜表达模式具有深刻的进化意义。在漫长的生物进化过程中，甲壳动物通过适应环境的昼夜变化，发展出了昼夜节律调控体液免疫的独特机制。这一昼夜节律的演化反映了甲壳动物免疫系统在应对不同时间点的外界威胁时的高度适应性。昼夜节律不仅是一种对外部光照变化的敏感性反应，更是甲壳动物免疫系统为了优化其防御效能而演化而来的策略。

在白天，当环境中光照充足时，体液免疫因子可能表现出更高的活性，提供额外的防御支持，使甲壳动物更能有效地抵御白天病原体的侵袭。相反，在夜间，免疫活性可能相对减弱，但这并非削弱免疫系统的表现，而是节省能量、优化代谢的一种策略，因为夜晚相对较安全，病原体的威胁也相对减小。这种昼夜节律的演化使甲壳动物能够更有效地利用资源，平衡免疫防御与生存需求。

此外，昼夜节律对甲壳动物的免疫系统演化的影响可能还与其生活史策略和生态角色密切相关。不同种类的甲壳动物在不同环境中演化出了适应性的免疫昼夜节律，以更好地适应其独特的生存压力和生态位。因此，昼夜节律调控体液免疫反应的进化意义不仅体现了对外部环境的灵活适应，更在甲壳动物的生存和繁衍中发挥着至关重要的角色。深入理解这一进化意义将有助于揭示昼夜节律与免疫系统之间的紧密关系，为未来的免疫学研究提供新的理论视角。

第四节　昼夜节律对甲壳动物免疫系统的分子调控机制

甲壳动物免疫系统的昼夜调控机制是一个复杂而精细的生物过程，它涉及内部生物钟对免疫细胞功能和免疫反应的影响。同时，这个免疫系统的昼夜调控机制，作为生物学和海洋科学研究的前沿话题，揭示了如何在正确的时间以最有效的方式启动和调节免疫反应。这一机制的研究不仅对理解甲壳动物自身的生存策略至关重要，而且对水产养殖业的疾病管理和预防具有重大的应用价值。

一、时钟基因的间接调控作用

在甲壳动物中，研究者已经鉴定出多个时钟基因，这些基因及其产物通过相互作用形成了复杂的转录-翻译反馈环路，构成了生物钟的核心。主要的时钟基因包括 *Period*、*Timeless*、*Clock*、*Cycle*、*Clockwork orange*、*Vrille* 和 *Shaggy* 等。所有这些基因在甲壳动物体内形成复杂的基因网络，调节着生物体的昼夜节律。这些基因通过控制一系列生理过程，如睡眠-觉醒周期、摄食行为和代谢过程，间接影响免疫系统的功能。

以中华绒螯蟹为例，研究表明，其眼柄中的miRNA表达呈现出显著的昼夜节律变化。这些miRNAs的表达在不同的昼夜时间点有所不同，暗示着免疫相关基因的表达也受到昼夜节律的影响。例如，在18:00时的样本中发现了大量差异表达的miRNAs，这些miRNAs的靶基因主要涉及免疫功能，如转移酶活性、水解酶活性和氧化还原酶活性。这表明昼夜节律对甲壳动物免疫系统中基因表达的调控可能通过miRNAs进行。

昼夜节律对免疫系统的调节是一个普遍现象。研究表明，大多数免疫细胞可以自主表达时钟调节基因，这些基因在调节免疫细胞功能中发挥关键作用。这些功能包括迁移、吞噬活性、免疫细胞代谢（例如线粒体结构功能和代谢）、信号通路激活、炎症反应、先天免疫识别以及适应性免疫过程（包括疫苗反应和病原体清除）。内源性昼夜节律在免疫系统中协调多方面的节律性，优化免疫监视和响应能力，这对维持免疫稳态和抵御疾病具有重要意义。

尽管在中华绒螯蟹等甲壳动物中已经观察到昼夜节律对免疫的影响，但在这一领域的研究仍然有限。未来的研究需要进一步探索昼夜节律基因在甲壳动物免疫调节中的具体机制，包括这些基因如何影响免疫细胞的活性、炎症反应以及对病原体的清除。此外，考虑到环境因素（如光周期和温度）对昼夜节律的影响，未来的研究还应评估这些环境因素如何通过改变生物钟基因的表达来影响甲壳动物的免疫反应。这些研究将为我们提供关于如何通过调控昼夜节律来优化水产养殖环境和提高疾病防御能力的宝贵信息。

二、褪黑激素的直接免疫作用

褪黑激素最重要的多效性激素，其作用之一是对免疫系统的调节。褪黑激素可以抵消急性应激或免疫抑制药物治疗对各种免疫参数的负面影响。笔者在对中华绒螯蟹的研究中发现，褪黑激素的浓度受昼夜节律调控。褪黑激素被发现能够保护肝胰脏和线粒体免受氧化损伤和功能损伤，并恢复了正常的血细胞凋亡率和吞噬活动。此外，研究发现，褪黑激素能通过提高血蓝蛋白含量和超氧化物歧化酶（SOD）活性来增强蟹的抗氧化能力。笔者在对中华绒螯蟹的研究中发现，在褪黑激素注射后，除了4h后注射组血淋巴中的MDA活性显著低于对照组（$P<0.05$），8h后注射组的SOD活性显著高于对照组，其他抗氧化酶活性与对照组没有显著差异（图5-7）。

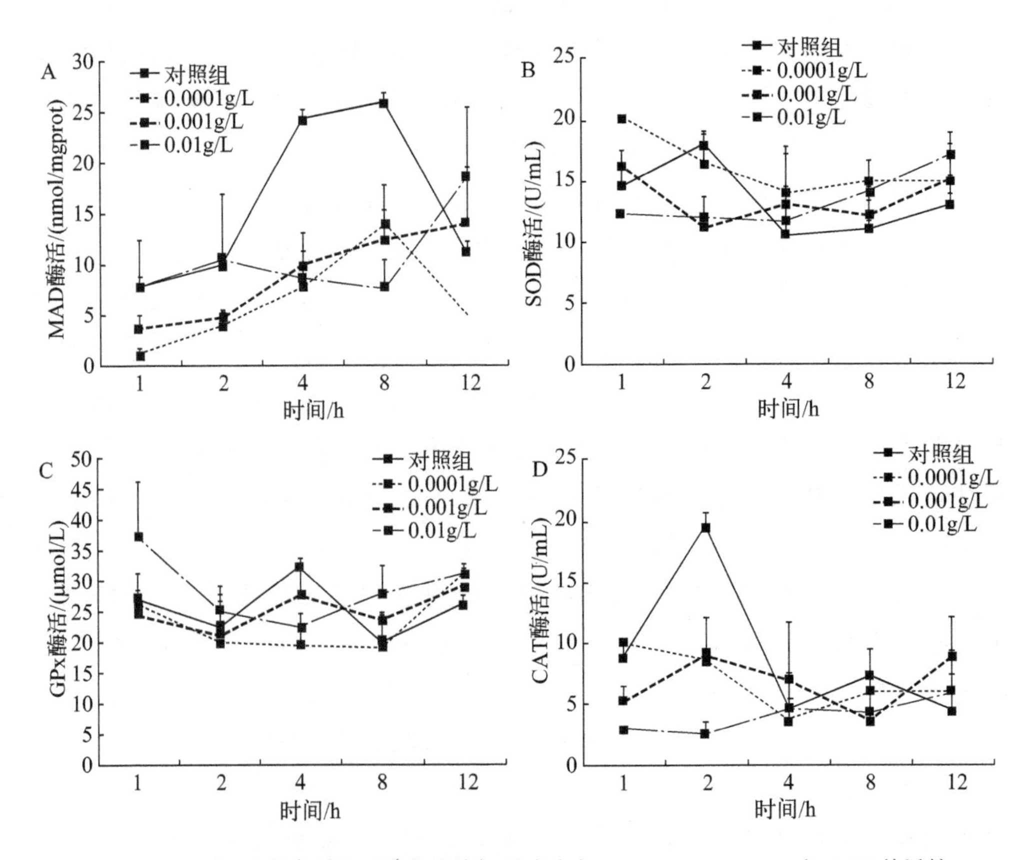

图5-7 不同褪黑激素剂量下中华绒螯蟹肝胰腺中MDA、SOD、GPx和CAT的活性

与血淋巴结果相似，在褪黑激素注射后，肌肉中的抗氧化酶活性在注射后1h、2h和12h的样本间没有差异（图5-8）。然而，注射后4h，0.01g/L褪黑激素注射组的MDA活性显著低于对照组（$P<0.05$），而0.0001g/L和0.00001g/L组的SOD活性显著高于对照组（$P<0.05$）。注射后4h，0.0001g/L褪黑激素注射组的CAT活性显著高于对照组，但0.001g/L和0.01g/L组间无差异。另有研究表明，褪黑激素预处理不仅预防了溴氰菊酯暴露对肝胰脏和线粒体的氧化损伤，而且还恢复了血细胞凋亡率和吞噬活动至正常水平。这表明褪黑激素在保护中华绒螯蟹免受环境毒素引起的氧化应激中起着关键作用。

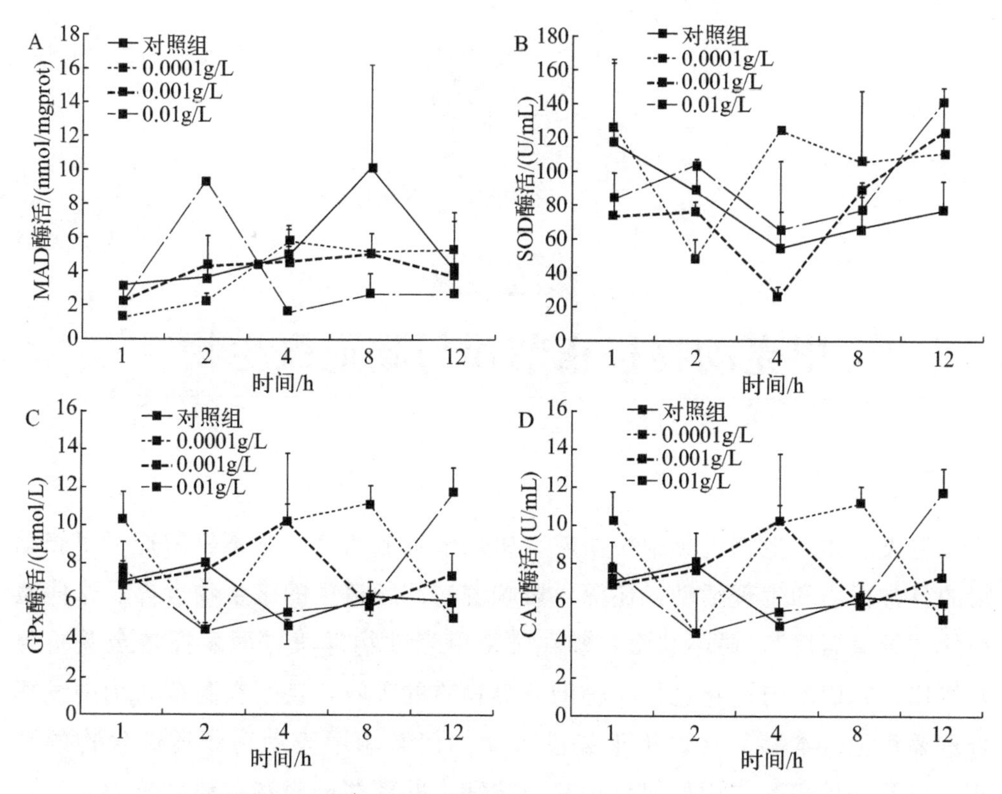

图 5-8 不同褪黑激素剂量下中华绒螯蟹肌肉中 MDA、SOD、GPx 和 CAT 的活性

三、昼夜节律与环境因素相互作用对免疫的影响

除了内部的基因调控，甲壳动物的免疫系统还受到环境因素的影响，尤其是光照和温度。这些环境因素可以改变或重置生物钟，从而间接影响免疫反应。例如，在不同光照周期下，甲壳动物的免疫细胞可能会展现不同的活性模式，反映出其适应环境变化的能力。此外，环境温度的变化也会影响免疫细胞的行为，特别是在温度敏感的甲壳动物种类中更为明显。这些发现表明，昼夜节律和环境因素之间的相互作用对于甲壳动物免疫系统的适应性和效率至关重要。理解这些相互作用的机制，对于优化水产养殖环境，增强甲壳动物的疾病抵抗力具有重要意义。

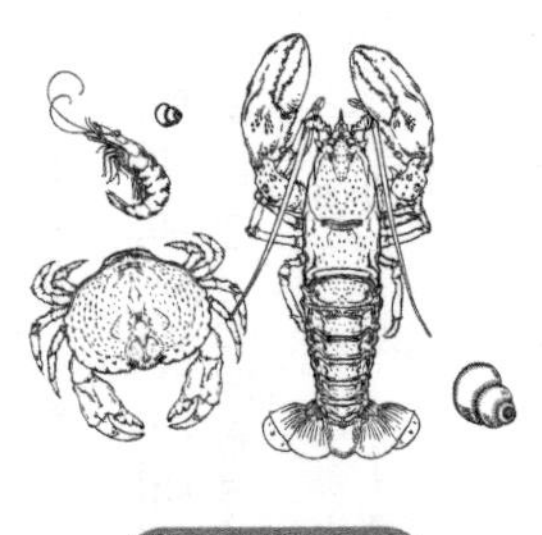

第六章

甲壳动物昼夜节律与肠道微生物

昼夜节律在生物世界中扮演着精密调节者的角色，它不仅塑造了甲壳动物的日常行为和生理活动，还深入影响着它们肠道中的微生物世界。这些微小的“肠道居民”，虽不起眼，却在维持甲壳动物健康方面发挥着至关重要的作用。它们参与消化过程，辅助营养物质的吸收，甚至在免疫防御中发挥着重要角色。本章节将聚焦于昼夜节律如何影响甲壳动物肠道微生物的平衡，以及这种相互作用如何反过来影响宿主的整体健康和疾病抵抗力。

本章，我们将探索的不仅仅是一个单向的影响关系，而是一个复杂的互动系统，其中昼夜节律和肠道微生物之间的相互作用形成了微妙的平衡。例如，昼夜节律的变化可能会改变肠道微生物的组成，进而影响甲壳动物的营养吸收和代谢过程。同时，这些微生物本身也可能对宿主的生物钟产生影响，形成一个相互依赖、共同进化的关系。通过深入探索这些相互作用，使得我们不仅能更好地理解甲壳动物的生理机制，还可能为水产养殖和疾病管理提供新的视角和策略。

第一节　甲壳动物肠道微生物群落的特征

一、甲壳动物肠道微生物群落的组成

甲壳动物的肠道不仅是消化和吸收营养物质的重要组织，也是机体内部与外界之间进行物质交换和信息交流的重要场所，同时对机体的免疫具有重要作用，因此，健康的肠道是维持机体健康生长的重要基础。肠道正常功能

的行使依赖于肠道黏膜屏障的保护，黏膜屏障行使着对营养物质的吸收、分泌黏液润滑肠道等重要功能，是机体屏蔽外环境中的病原菌和毒素的入侵的重要屏障，对维持机体内环境的稳定具有重要作用。黏膜屏障由四部分组成，包括机械屏障、化学屏障、免疫屏障和生物屏障，这四大屏障的完整性维持着肠道的健康。

肠道生物屏障依赖于附着在肠道黏膜以及肠腔内的微生物，是一个动态变化的微生态系统。肠道为寄生在其中的微生物提供持续的营养物质和稳定的生活环境，肠道菌群又可以参与到宿主的生长、营养和免疫等生理过程，二者之间形成了稳定的互利共生的关系。正常肠道菌群中包含致病菌、条件致病菌、非致病菌和益生菌，它们之间竞争性附着于肠道黏膜层，达到一个动态平衡的状态，共同抵御病原微生物对机体的侵袭。有关水生动物肠道菌群的研究起步较晚，起初人们认为水生动物肠道菌群数量相较陆生动物少，随着分子生物学和生物信息学技术的普及和发展，人们发现水生动物肠道内也存在着种类丰富和数量庞大的菌群结构，并且菌群结构受一系列因素的影响而动态变化，如动物的生长阶段、水环境变化和饵料成分等。

对于经济虾蟹养殖物种如凡纳滨对虾、罗氏沼虾、中华绒螯蟹和三疣梭子蟹（*Portunus trituberculatus*）等的研究表明，它们的肠道微生物群落结构有着共同的特点和差异性。对于凡纳滨对虾而言，其肠道中的主要细菌门包括变形菌门、厚壁菌门、拟杆菌门和柔膜菌门（Tenericutes），而在三疣梭子蟹中，梭杆菌门（Fusobacteria）的丰度也相对较高。在细菌属水平上，假单胞菌属（*Pseudomonas*）、弧菌属（*Vibrio*）、葡萄球菌属（*Staphylococcus*）、希瓦氏菌属（*Shewanella*）、棒形杆菌属（*Clavibacter*）和发光杆菌属（*Photobacterium*）是较为常见的。这些优势菌群的分布也表现出宿主特殊性，例如中华绒螯蟹肠道中 *Dysgonomonas* 属占据优势。此外，肠道菌群的结构易受水环境、饵料组成以及水生动物内源性因素如生长阶段和肠道部位的影响。

特别值得注意的是，这些微生物群落通过分解食物中的复杂碳水化合物和蛋白质，帮助甲壳动物更有效地吸收营养，并且某些肠道细菌还能产生消化酶，进一步促进食物的消化。除此之外，肠道微生物还在免疫调节中扮演着重要角色，通过与宿主的相互作用，它们增强了甲壳动物对多种病原体的抵抗能力。因此，深入理解甲壳动物肠道微生物的种类及其功能，对于促进甲壳动物的健康和改善养殖管理策略具有重大意义。

二、甲壳动物肠道微生物的功能

肠道微生物在甲壳动物的营养吸收和代谢中发挥着至关重要的作用。研究表明，这些微生物通过分解甲壳动物难以消化的食物成分（如纤维素和其他复杂的碳水化合物）来帮助它们更有效地吸收营养。例如，某些肠道细菌能够产生特殊的酶来分解这些难以消化的食物成分，使甲壳动物能够从食物中获取更多的能量和营养物质。这不仅有助于甲壳动物的生长和发育，还对维持其整体健康状态至关重要。

此外，肠道微生物还参与甲壳动物的代谢过程。例如，一些肠道细菌能够参与脂肪和蛋白质的代谢，进而影响甲壳动物体内的能量平衡。这些微生物通过产生各种代谢产物，如短链脂肪酸，不仅促进肠道健康，还可能影响甲壳动物的免疫系统和疾病抵抗力。

在免疫系统方面，肠道微生物对甲壳动物的免疫调节起着至关重要的作用。研究显示，肠道微生物可以刺激甲壳动物的免疫细胞，增强其对病原体的识别和反应能力。这些微生物通过与宿主的相互作用，有助于甲壳动物建立更强的免疫防御机制，从而更有效地抵抗各种疾病。例如，某些益生菌可以激活宿主的免疫细胞，提高其对特定病原体的抵抗力。这些微生物还能够调节宿主的炎症反应，减轻由病原体引起的损伤。

总的来说，甲壳动物的肠道微生物群落在宿主的营养吸收、代谢和免疫调节中发挥着复杂而重要的作用。对这些微生物群落的深入研究不仅有助于理解甲壳动物的生理机制，还可能为改善其养殖条件和提高疾病防御能力提供新的策略。因此，维护甲壳动物肠道微生物的健康和平衡对于其整体健康和生产效率至关重要。

三、甲壳动物肠道微生物群落的动态变化

在甲壳动物的生命周期中，肠道微生物群落的结构受到多种因素的影响，主要包括饮食、环境条件和生活阶段。饮食是影响肠道微生物群落的重要因素，不同成分的饲料会促进特定种类微生物的增长。例如，高蛋白饲料可能增加蛋白质分解菌的数量，而高纤维饲料则有助于纤维素分解菌的增长。此外，饲料中添加的益生菌也能直接影响肠道微生物群落的组成。

环境因素，如水温、盐度、pH 以及水体中的化学污染物，也会对肠道微

生物群落产生重大影响。温度的变化可以直接影响微生物的代谢活动和增殖速度，而盐度和 pH 的变化则影响微生物的生存环境。化学污染物，如抗生素和重金属，可能导致耐药菌株的增加，从而改变肠道微生物群落的平衡。

甲壳动物的生活阶段也是影响其肠道微生物群落结构的重要因素。在不同的生长阶段，甲壳动物的生理需求和肠道条件会发生变化，这反过来影响肠道微生物的组成。例如，幼体和成体可能因为其生理和免疫系统的不同，而拥有不同的肠道微生物群落。

肠道微生物群落对外部环境变化的响应显示了其适应性和动态性。环境变化，如水体污染或饲料改变，可能迫使肠道微生物群落进行调整，以维持其功能和对宿主的支持。这种调整可能包括某些微生物种类的增加或减少，以及微生物之间相互作用的改变。通过这些调整，肠道微生物群落能够帮助甲壳动物适应环境变化，维持其健康和生长。

综上所述，甲壳动物肠道微生物群落的结构和功能受到多种内外因素的影响。理解这些影响机制对于优化甲壳动物的养殖管理和提高其健康水平具有重要意义。通过调整饲养策略和改善养殖环境，可以有效地维持肠道微生物群落的健康平衡，从而促进甲壳动物的整体健康和生产效率。

第二节　昼夜节律对甲壳动物肠道微生物的影响

昼夜节律对甲壳动物肠道微生物群落的影响是一个重要且复杂的研究领域。昼夜节律，即生物钟，影响着甲壳动物的生理活动，包括其肠道微生物的组成和功能。这些微生物群落的活动和平衡可能随着昼夜变化而发生变化。例如，某些微生物在夜间可能更活跃，影响着甲壳动物的消化和免疫系统。昼夜节律的变化也可能影响肠道微生物群落的稳定性，从而影响甲壳动物的健康和疾病抵抗能力。这一领域的研究有助于深入理解甲壳动物肠道生态系统的动态特征及其对环境变化的适应性。

一、昼夜节律对肠道微生物群落结构的影响

笔者对中华绒螯蟹肠道菌群进行了 16s 高通量测序，共产生了约 252.6 万条原始序列，每个样本平均约 12.6 万条。经过质量过滤和去噪后，留下约 202.3 万条干净序列，平均每个样本约 10.1 万条。在不同分类水平上，

共识别出 6408 个扩展序列变异（ASV），包括 364 个门级别、2345 个属级别和 1083 个种级别。

研究中对肠道细菌群落结构在 24h 内的变化进行了分析。使用 Alpha 多样性指数评估了细菌的丰富度和多样性，并在四个时间点（6:00、12:00、18:00、24:00）进行了测量。发现 18:00 样本的微生物群落丰富度和多样性最高（图 6-1）。Beta 多样性分析揭示了不同时间点样本之间的显著差异，但组内多样性较低，表明肠道细菌群落存在明显的时间变化（图 6-2）。

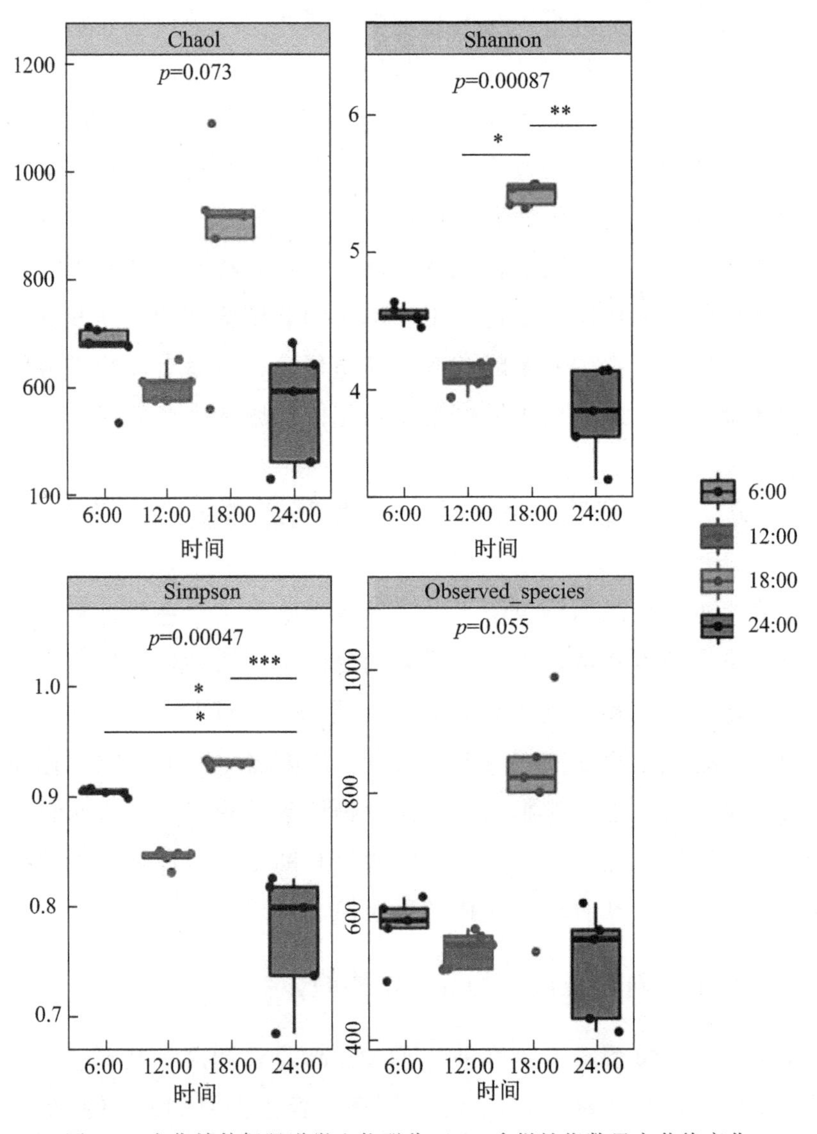

图 6-1 中华绒螯蟹肠道微生物群落 alpha 多样性指数昼夜节律变化

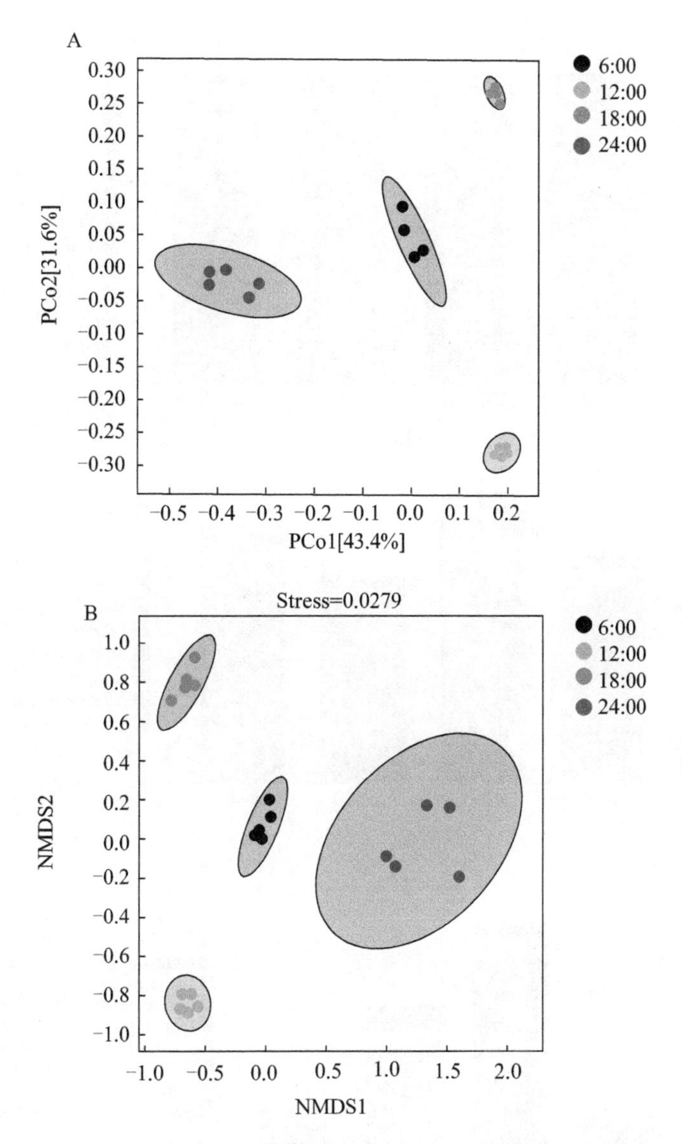

图 6-2　中华绒螯蟹肠道微生物群落 PCoA 和 NMDS 昼夜节律变化

肠道细菌在 24h 内的分类丰度也有所不同。最丰富的 10 个门包括厚壁菌门、变形菌门、无壁菌门、放线菌门和拟杆菌门等。而在属水平上，*Carnobacterium*、*Brochothrix*、*Aquabacterium* 等属的丰度在 18:00 样本中最高，而在 24:00 样本中则最低。这些结果进一步证明了肠道细菌在门和属水平上的丰度随昼夜节律显著变化（图 6-3）。此外，PCA 分析用于评估门和属水平上的差异性，显示了最丰富的五个门和属。总体而言，这些发现为昼夜节律对中华绒螯蟹肠道细菌群落结构变化的影响提供了进一步的证据。

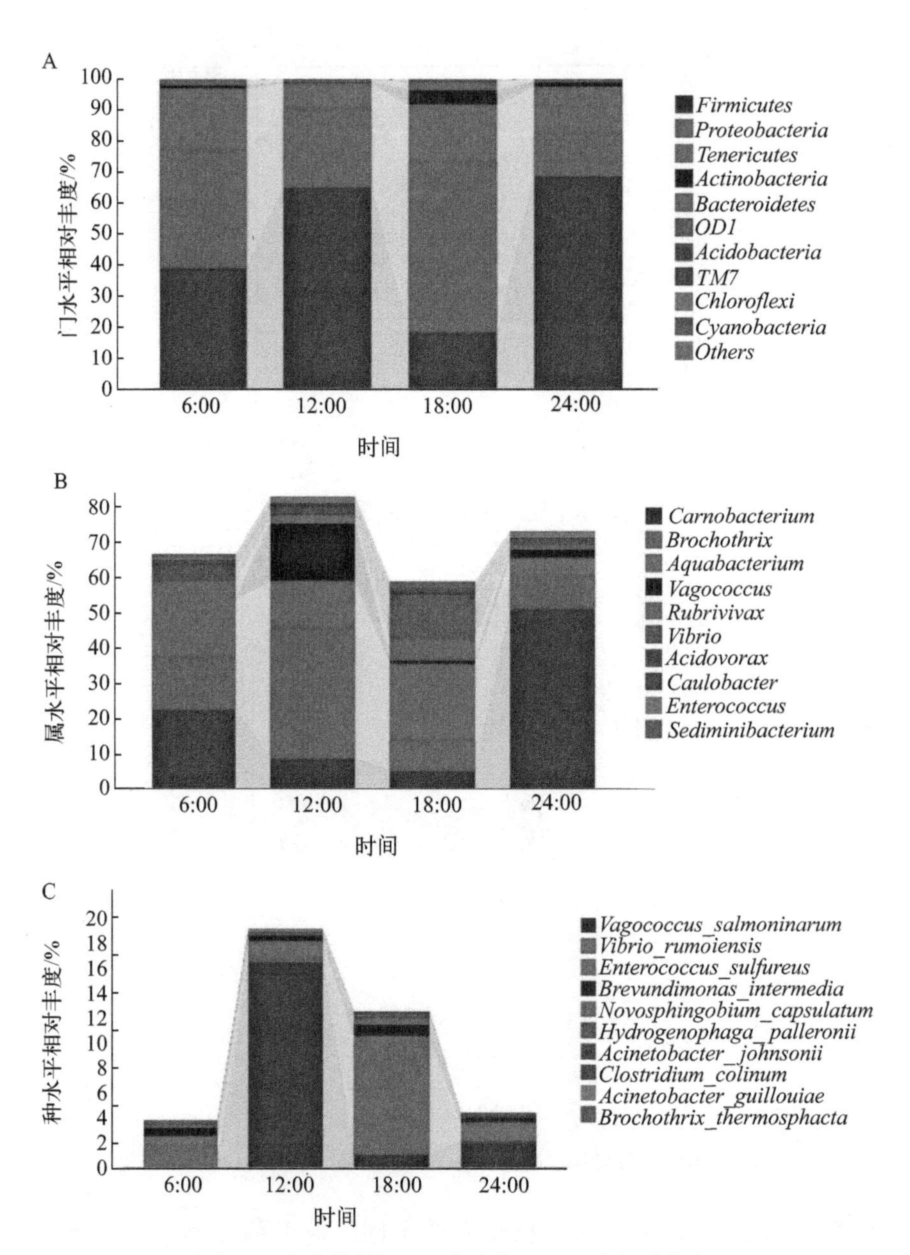

图 6-3　中华绒螯蟹肠道微生物 OTUs 的相对丰度

笔者也对中华锯齿米虾肠道中细菌群落的相对丰度在 24h 内的昼夜节律变化进行了研究。结果表明，中华锯齿米虾肠道中主要的细菌门包括变形菌门、无壁菌门、拟杆菌门、厚壁菌门、放线菌门等，其中前十名的细菌门还包括 OP11、GN02、TM7、疣微菌门和绿弯菌门。此外，十大属包括柯克斯氏体属、黄杆菌属、红细菌属、不动杆菌属等。主坐标分析（PCoA）和非度量多维标度（NMDS）的结果显示，在不同时间点，如 12:00、18:00 和 24:00，肠道微生物群落结构存在显著差异（图 6-4）。

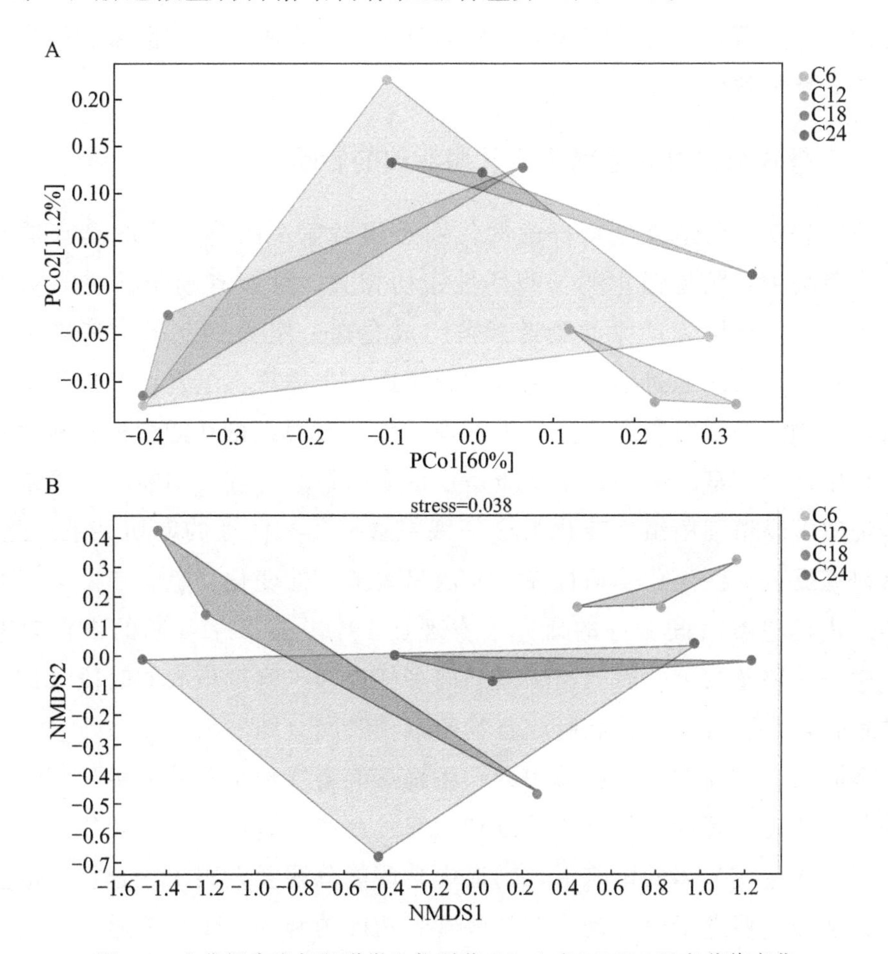

图 6-4　中华锯齿米虾肠道微生物群落 PCoA 和 NMDS 昼夜节律变化

这一发现表明，甲壳动物肠道细菌群落存在明显的昼夜变化，这可能与它们的生活习性和环境条件有关。例如，拟杆菌门和 TM6 在午夜时分丰度较高，而在中午时分则相对较低。相反，OP11、GN02 等在下午 6:00 的样品中含量较高，而在早晨 6:00 和中午 12:00 时分则相对较低。这种在门和属水平上的昼夜变化，进一步证实了肠道微生物群落的动态性，强调了昼夜节律对甲壳动物肠道微生物多样性的重要影响。

这些研究结果共同表明，甲壳动物的肠道微生物群落结构在 24h 内呈现出显著的昼夜变化。这种变化反映了甲壳动物肠道微生物在不同时间点的丰度和多样性差异，强调了昼夜节律在调节肠道微生物群落方面的重要性。昼夜节律的变化对甲壳动物肠道微生物群落的影响可能与其生理活动、营养吸收和免疫反应等多方面密切相关。这些发现不仅增强了科学家们对甲壳动物肠道微生物群落动态特性的理解，也为进一步探索甲壳动物健康和疾病管理提供了重要的科学依据。

二、昼夜节律对肠道微生物代谢活动的影响

研究表明，肠道微生物群落的代谢过程对宿主的营养获取具有重要作用。在鱼类中，肠道微生物与酶活性密切相关，可能有助于宿主的营养吸收。因此，假设甲壳动物的肠道菌群组成会在一定程度上影响其消化和代谢。这种差异可能通过肠道消化酶的分泌进一步体现。笔者在对中华绒螯蟹肠道微生物组基因组数据的分析中发现，细菌基因在氨基酸和核苷酸生物合成途径中最为丰富。酶的化学本质是蛋白质和核酸，基因功能的注释结果进一步证实了肠道细菌组成变化与中华绒螯蟹消化酶活性的密切关系。此外，还有研究发现一些消化酶活性在24h内呈现节律性变化。笔者在中华绒螯蟹在24h内的进食时间偏好的研究中发现在19:00至22:00间的进食效率更高。中华绒螯蟹的进食时间与肠道细菌多样性和丰富度最大的时段（18:00）基本重合，表明这是消化和吸收食物的最佳时间（图6-5）。

不同的昼夜周期下，肠道中的微生物可能会展现出不同的生长模式和代谢路径，这对甲壳动物的营养吸收和代谢过程产生直接影响。例如，一些研究发现，在昼夜节律的影响下，肠道中某些能分解复杂碳水化合物的微生物数量会增加，促进了甲壳动物对这些营养物质的利用。张等人通过对比代谢途径数据库，发现中华锯齿米虾肠道微生物中，生物合成途径类别受昼夜节律影响最为显著，包括氨基酸生物合成、电子载体与维生素生物合成、脂肪酸与脂类生物合成、核苷和核苷酸生物合成等。

在研究中华锯齿米虾的肠道微生物组成时，发现不同时间点的微生物群落结构存在显著差异。以中午12:00为例，柯克斯氏体属在这一时段的肠道样品中占据了主导地位。这一发现提示我们，柯克斯氏体属的微生物可能在中华锯齿米虾的生殖健康，尤其是卵巢成熟过程中，扮演着重要角色（图6-6）。因此，对中华锯齿米虾而言，柯克斯氏体属的微生物可能通过调节宿主的生殖周期，对其繁殖健康产生积极的影响。未来的研究可深入探讨这一领域，以期通过调节肠道微生物来提高中华锯齿米虾的繁殖效率。

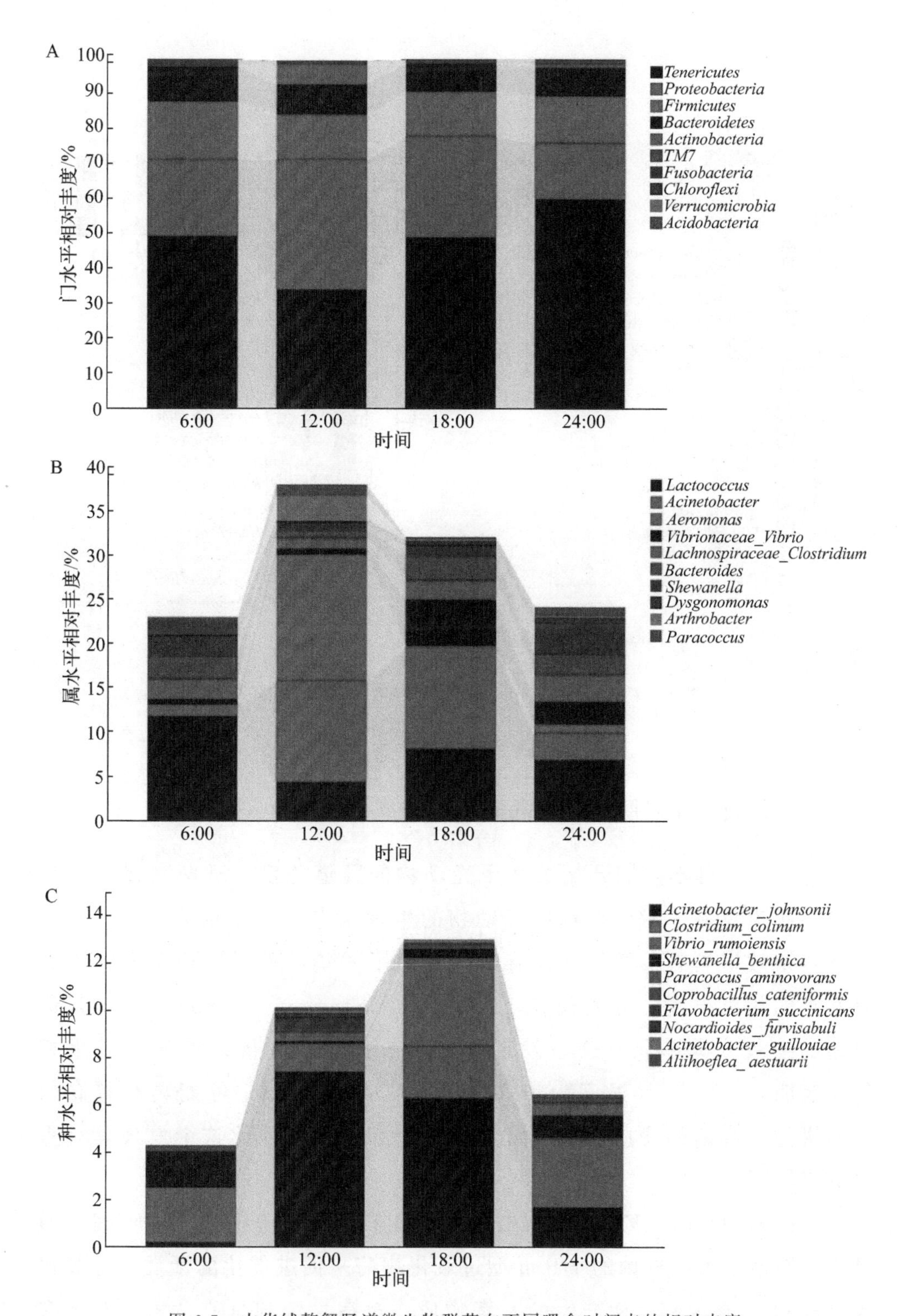

图 6-5 中华绒螯蟹肠道微生物群落在不同喂食时间点的相对丰度

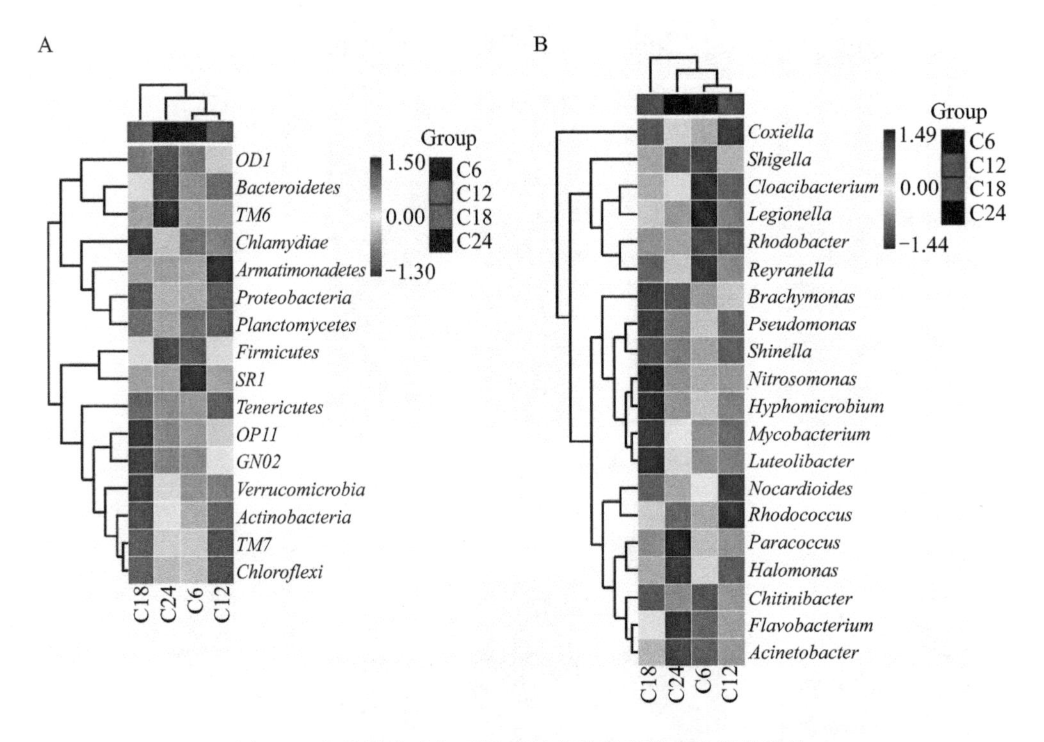

图 6-6 中华锯齿米虾不同时间点的肠道微生物群落结构

（A）门水平；（B）属水平

三、昼夜节律对肠道免疫的影响

近年来，科学家们开始关注甲壳动物的肠道免疫，理解昼夜节律如何影响肠道免疫，对于揭示甲壳动物的生理状态、治疗相关疾病，乃至改善养殖效率具有重要意义。有研究探讨了中华绒螯蟹肠道菌群在不同时间点的相对丰度，并发现在 12:00 时，*Vagococcus salmoninarum* 是最丰富的细菌分类单元。这一发现与之前对虹鳟鱼和褐虾的研究结果相符，表明在 12:00 且温度为 15℃时，*V. salmoninarum* 可能具有较高的变质潜力。细菌的变质潜力通常与温度密切相关，因此这个发现具有重要的实际意义。

而在 18:00 时，*Vibrio rumoiensis* 是最丰富的细菌物种。这种细菌通过产生类似于大肠杆菌的 HP Ⅱ型过氧化物酶来促进催化酶活性。过氧化氢（H_2O_2）是由氧代谢产生的有毒物质，对宿主细胞具有危害。对许多细菌而言，过氧化物酶是主要的抗氧化防御机制中的关键酶。在中华绒螯蟹中，过氧化物酶被认为是一种高效的抗氧化酶，可能参与调节氧化还原反应和先天免疫反应。因此，*V. rumoiensis* 大量分泌过氧化物酶可能是对白天代谢活动后氧化应激的一种生理响应，同时也可能是对抗过氧化氢的防御机制。

有趣的是，中华绒螯蟹鳃组织中的过氧化物酶活性在不同时间点表现出不同的变化趋势，与肌肉和血淋巴组织不同，其活性在 4:00 时达到峰值，而不是在 12:00 或 24:00。这表明不同组织中的抗氧化酶活性呈现出日内变化，这一现象为了解螃蟹在不同时间点的生理状态提供了有趣的线索。然而，目前尚无关于螃蟹肠道在白天和夜晚的过氧化物酶活性变化的研究，这也是未来研究的一个潜在方向。

此外，该研究还揭示了肠道微生物组中 Firmicutes 和 Bacteroidete 两个细菌门的重要性。之前的研究已经指出 Bacteroidetes 在中华绒螯蟹微生物组中占据主导地位。而在研究中华绒螯蟹肠道微生物组对白斑综合征病毒感染的响应时，也发现门水平上 Firmicutes、Tenericutes 和 Bacteroidetes 是主要的肠道细菌。然而，在一项研究中发现，中华绒螯蟹鳃和肠道中的主要细菌门是 Tenericutes 和 Proteobacteria。这些不同的结果可能反映了不同水产养殖条件下的微生物组成差异，这为今后深入研究提供了启示。

此外，有研究揭示了中华锯齿米虾肠道微生物群中副球菌属细菌的高丰度，尤其在夜间呈现增加的趋势。副球菌属微生物在多种动物物种中都被认为具有益生菌的作用。在甲壳动物中，副球菌属微生物已被证实是肠道微生物群落的核心成员。类似地，在人类和家禽中，副球菌属微生物已被证明可以调节肠道健康和免疫功能。因此，中华锯齿米虾肠道微生物中副球菌属微生物可能对其肠道健康和免疫功能产生积极影响。未来的研究可以进一步探讨副球菌属微生物在中华锯齿米虾中的功能和作用，以及是否可以通过增加副球菌属微生物的丰度来提高中华锯齿米虾的免疫功能和肠道健康。

在 18:00 和 24:00 时间点，黄杆菌属和不动杆菌属的比例较高，这些细菌属通常被认为是甲壳类动物中的潜在致病菌。最近对凡纳滨对虾进行的研究表明，集约化养殖中的氨氮和硫化物胁迫条件可能导致这两个细菌属的丰度增加。肠道微生物群落的组成受到昼夜节律的影响，而不同时间段的微生物组成可能与中华锯齿米虾的生理功能相关。进一步的分析表明，中华锯齿米虾肠道微生物群的 α 多样性和 β 多样性也呈现昼夜节律。这一节律影响了肠道微生物的代谢途径，并可能导致致病菌群的变化。这些发现为深入研究肠道微生物与甲壳类动物的生理功能之间的关系提供了新的视角。

对于中华锯齿米虾的养殖来说，这些研究结果具有重要的实际意义。由于养殖密度和环境等因素的影响，中华锯齿米虾容易受到各种疾病的侵害。肠道微生物作为宿主免疫系统的重要组成部分，与虾体内的代谢、生理、生化变化等因素密切相关。一些微生物可能与虾体内代谢产物的生成、分解和调节有关，这些代谢产物可能影响虾体内的生理生化过程和免疫系统功能。因此，深入研究肠道微生物群的日周期变化对中华锯齿米虾的养殖具有指导意义。

总之，上述研究不仅有助于了解甲壳动物肠道微生物组在不同时间点的变化，还为了解与氧化应激和免疫响应相关的生理过程提供了重要信息。未来的研究可以进一步探究甲壳动物肠道微生物组与宿主生理状态之间的关系，以及不同养殖条件对微生物组成的影响。这些研究有望为水产养殖业的可持续发展提供重要参考。

第三节　昼夜节律调节下的肠道微生物功能

在昼夜节律调节下，肠道微生物的功能呈现出显著的变化。这种变化不仅反映在微生物群落的组成上，也表现在它们的代谢活动中。昼夜节律的不同阶段可能导致肠道微生物的某些代谢途径更为活跃，影响宿主的营养吸收和能量代谢。然而，当昼夜节律发生变化或失调时，可能会导致肠道微生物群落的结构和功能发生显著变化。这些变化可能包括微生物代谢途径的改变、营养物质分解和吸收效率的变化，以及对宿主免疫系统的影响。

笔者调查了三种不同光照条件下中华绒螯蟹肠道细菌的变化，即完全光照（24h 光照/0h 黑暗）、完全黑暗（0h 光照/24h 黑暗）和正常条件（12h 光照/12h 黑暗）。不同的光照处理持续 6 天，分别在第 2 天、第 4 天和第 6 天进行肠道取样，每组样品取三个平行。并利用高通量基因测序来确定肠道群落多样性、物种丰富度，并进行生物信息学分析。结果共产生了 3039172 条原始序列。在质量过滤和去噪之后，剩下 2828804 条干净序列，平均每个样本为 104770 条，共鉴定了 137 个门和 3415 个属（表 6-1）。

表 6-1　不同光照期中华绒螯蟹肠道样本测序数据表

样本编号	原始数据	过滤后	去噪	合并	非嵌合体	非单体
2_G_L_1	128668	120447	118585	115352	87330	87059
2_G_L_2	138030	130946	129746	128049	97994	97821
2_G_L_3	107161	101156	99881	98515	73383	73202
2_G_D_1	138207	131186	130054	128508	108321	108063
2_G_D_2	147445	139564	138165	135745	115860	115641
2_G_D_3	56770	52450	51326	50034	42754	42643
2_G_N_1	143733	135674	134226	132561	104248	103963
2_G_N_2	57707	54686	53686	52674	45718	45600
2_G_N_3	134289	127527	126399	125362	113820	113705
4_G_L_1	98026	92699	91340	89418	73822	73637
4_G_L_2	121138	113941	112921	111971	89957	89839
4_G_L_3	70975	66778	65489	63465	55683	55541
4_G_D_1	134532	126997	125351	118407	94550	94302
4_G_D_2	137329	129637	127884	124849	90011	89672
4_G_D_3	145852	136889	135173	133014	100897	100589
4_G_N_1	91621	86090	84592	82179	67021	66857
4_G_N_2	106325	99489	97751	95332	77234	77021
4_G_N_3	88690	83520	81946	79433	62406	62115
6_G_L_1	118885	112177	110730	108477	95716	95519
6_G_L_2	93418	88331	86764	84749	67704	67484
6_G_L_3	130041	123733	122339	119003	97306	97160
6_G_D_1	81952	76454	75248	65724	56973	56888
6_G_D_2	143448	135154	133457	130902	102511	102239
6_G_D_3	73514	69559	68286	66866	55546	55424
6_G_N_1	147269	139269	137503	133970	101296	101062
6_G_N_2	93591	88231	87008	84953	73985	73887
6_G_N_3	110556	104385	102954	101598	84588	84430
总计	3039172	2866969	2828804	2761110	2236634	2231363

通过使用 α 多样性指数来估计连续光照或黑暗条件下细菌的丰富度和多样性（第 2、4 和 6 天）。Chao1、Shannon 和 Simpson 指数在完全光照组和正常组以及完全黑暗组和正常组之间没有显著差异。在第 4 天，光照组和黑暗组在 Shannon 和 Chao1 指数上存在显著差异；然而，到了第 6 天，ASVs 的 Chao1、Shannon 和 Simpson 指数显示细菌群落的丰富度和多样性没有差异。

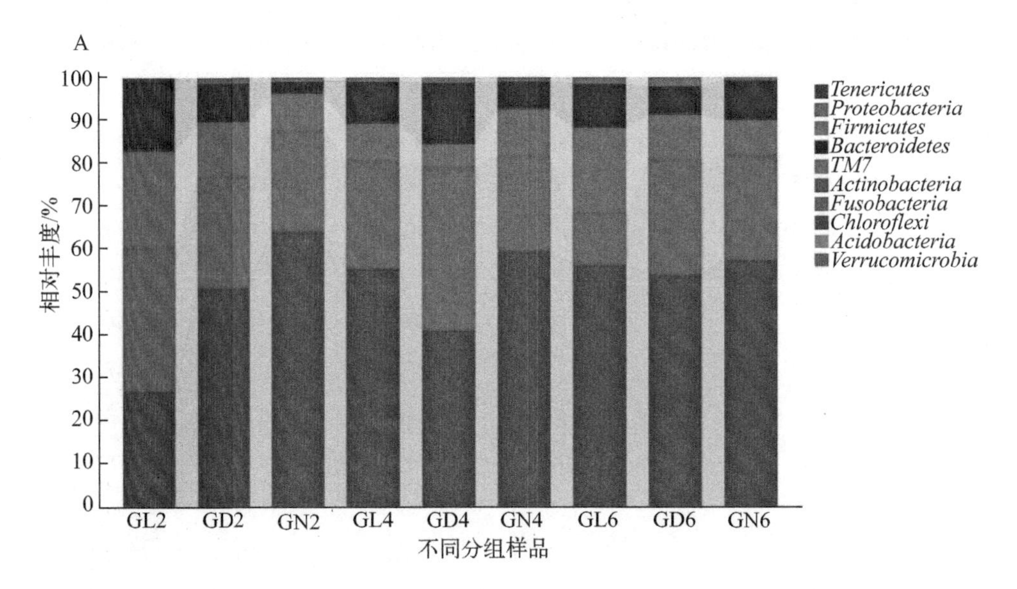

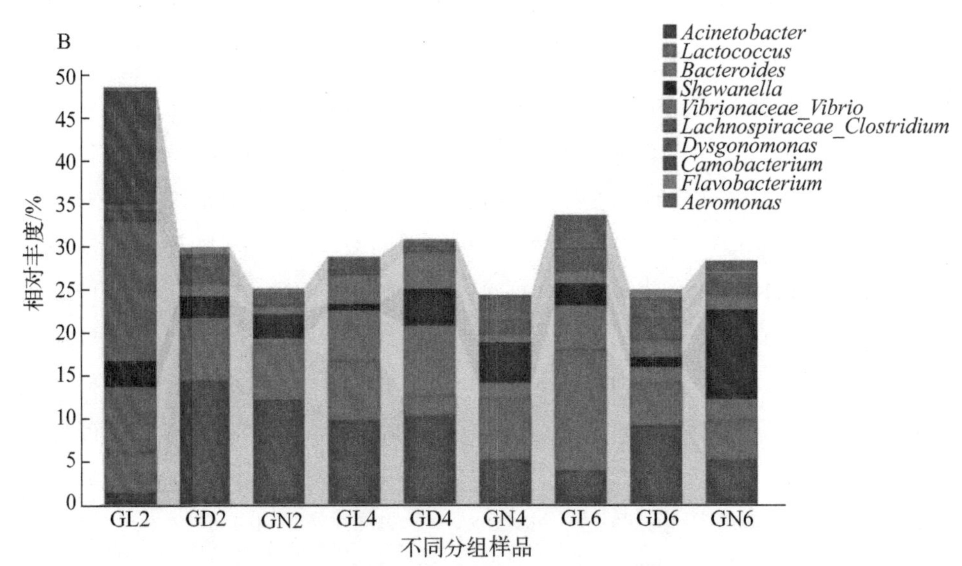

图 6-7　不同光周期中华绒螯蟹肠道微生物群落的相对丰度

（A）门水平；（B）属水平

最丰富的十个肠道细菌门包括拟杆菌门（Tenericutes）、变形菌门（Proteobacteria）、厚壁菌门（Firmicutes）、拟杆菌门（Bacteroidetes）、TM7、放线菌门（Actinobacteria）、弯曲菌门（Fusobacteria）、绿弯菌门（Chloroflexi）、酸杆菌门（Acidobacteria）和隆曲菌门（Verrucomicrobia）。完全光照和完全黑暗对门水平的分类组成没有影响，但在属水平上导致了显著差异。总体而言，最丰富的十个属包括不动杆菌属（*Acinetobacter*）、乳酪球菌属（*Lactococcus*）、拟杆菌属（*Bacteroides*）、莎氏弯曲菌属（*Shewanella*）、弧菌属（*Vibrio*，弧菌科）、克氏菌属（*Clostridium*，隆曲菌科）、异杆菌属（*Dysgonomonas*）、肉突杆菌属（*Carnobacterium*）、黄杆菌属（*Flavobacterium*）和气单胞菌属（*Aeromonas*）（图 6-7）。

通过主坐标分析（PCoA）和非度量多维尺度分析（NMDS）评估了β多样性。在第二天，完全光照和完全黑暗样本在 PCoA 中与正常样本分离；微生物群落在各组之间存在显著差异（图 6-8）。在第 4 天收集的样本中，GL4 与 GD4 和正常组（GN4）存在显著差异。通过查阅相关代谢途径数据库，并应用适当的计算方法来确定微生物组中哪些代谢途径处于活跃状态。最丰富的类别是生物合成途径，包括细胞结构生物合成、核苷和核苷酸的生物合成、氨基酸生物合成、碳水化合物生物合成，以及脂肪酸和脂质的生物合成。

然而，在本研究中，光照条件下，细菌群落在门水平的组成没有显著变化。此外，肠道细菌的多样性和均匀度在正常光照组、完全黑暗组和完全光照组之间没有差异。一般认为，水温是影响水生物种生物节律的关键因素，并可以解释为何没有明显变化。例如，在 17℃时，大多数动物表现出潮汐节律，但这些昼夜节律在 11℃时减弱，并在 4℃时基本被抑制。

在本研究中，α 多样性和 β 多样性分析显示，在光照实验的第 4 天，肠道细菌群落组成存在显著差异。具体来说，Shannon 和 Chao 1 指数在 GL4 和 GD4 中存在差异，但到了第 6 天，细菌群落的丰富度和多样性差异消失。可能是肠道细菌在第 4 天开始明显对不同光照条件做出反应，并在第 6 天适应了新的环境。影响宿主昼夜节律-代谢轴的因素有多种，如光/暗周期、睡

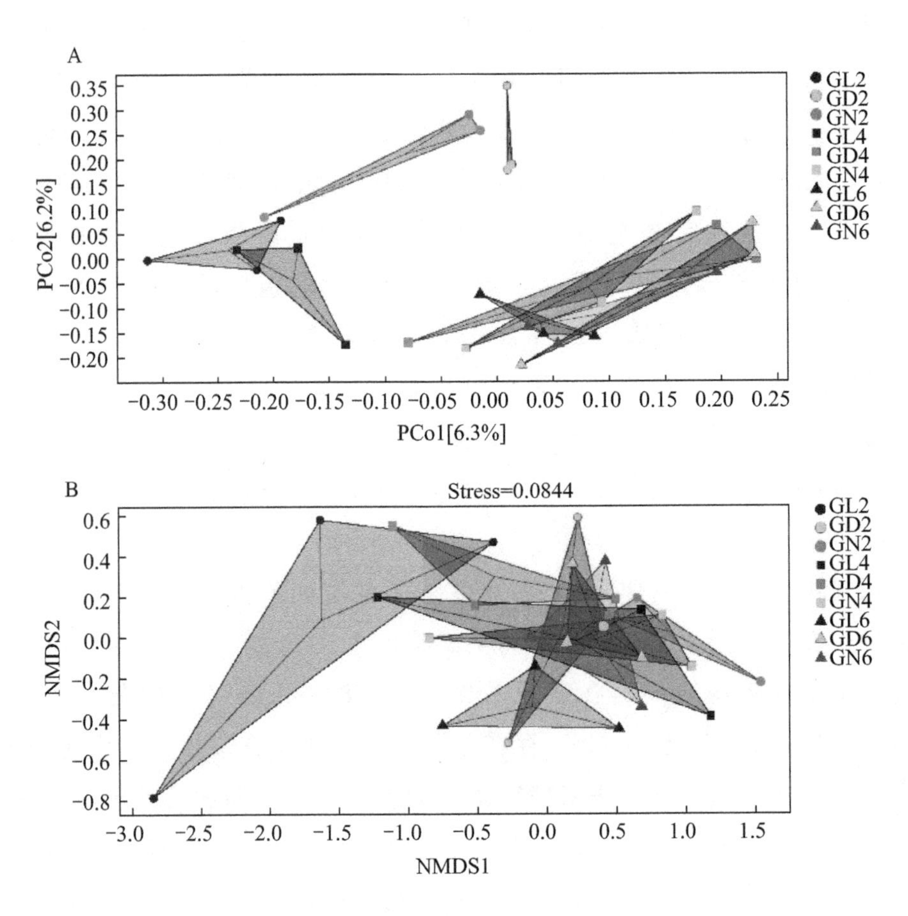

图 6-8 不同光周期中华绒螯蟹肠道微生物群落的主坐标分析（PCoA）（A）和非度量多维尺度分析（NMDS）（B）

眠/醒来周期、饮食和进食模式。这些观察结果与笔者之前研究的发现一致，表明中华绒螯蟹的生物钟调节可以覆盖不同光照条件的影响，导致在第 6 天之前肠道细菌群落组成没有发生明显变化。

第四节 昼夜节律与肠道微生物相互作用的生态意义

昼夜节律与肠道微生物的相互作用对于生态系统中的能量流动和物质循环具有重要的生态意义。昼夜节律不仅影响甲壳动物本身的生理活动，还影响肠道微生物群落的组成和功能，进而影响整个水生生态系统。例如，肠道微生物的变化可能影响宿主的营养吸收效率和能量利用，进而影响宿主在生态系统中的能量转化和物质流动。此外，昼夜节律对肠道微生物群落的调节作用也可能影响宿主对环境变化的适应性和生态位，从而在生态系统中发挥重要作用。

一、昼夜节律、肠道微生物与宿主适应性

昼夜节律对肠道微生物的调节作用在宿主适应环境变化方面起着关键作用。例如，肠道微生物在夜间可能更活跃地分解某些营养物质，为宿主提供所需能量。这种调节机制帮助宿主更好地适应不同的环境条件，如食物来源和生活环境的变化。

此外，肠道微生物与宿主的适应性之间存在密切关联。肠道微生物通过调节宿主的消化效率和营养状态，使宿主能够更好地适应其所处的生态环境。在生态系统中，宿主通过与肠道微生物的相互作用，在竞争激烈的环境中寻找到自己的生态位。因此，昼夜节律在调节肠道微生物方面的作用对于宿主在生态系统中的生存和繁衍具有重要意义。

肠道微生物与宿主生态位之间的关系是生态学中一个重要的研究领域。肠道微生物不仅影响宿主的消化和免疫系统，还影响宿主在其生态系统中的适应能力和生存策略。例如，一些肠道微生物能够帮助宿主更有效地消化特定类型的食物，从而使宿主能够利用特定的生态资源。以人类为例，肠道内的微生物群落能够帮助消化纤维素等难以消化的多糖类物质。益生菌和乳酸菌可以降解乳糖，有助于乳糖不耐症患者消化乳制品。此外，某些细菌如拟杆菌能够分解食物中的纤维素，提供额外的营养来源。反刍动物如牛羊，它们的肠道内有大量的纤维素分解菌，能够有效地将植物纤维素转化为能量和营养物质。这使得牛羊等反刍动物能够从植物中获得丰富的能量，有效地利用了植物资源，对整个生态系统的平衡起到了重要作用。这种相互作用使得宿主能够在特定环境中更好地生存和繁衍。

此外，肠道微生物群落的多样性本身也反映了宿主适应不同环境的能力。在不同的生态环境中，宿主可能需要依赖不同类型的肠道微生物来处理各种食物来源。在对土壤中两种蚯蚓 *Eisenia nordenskioldi* 和 *Drawida ghilarovi* 的研究中发现，它们肠道细菌群落的 α 多样性随着纬度的增加而减少，而且肠道细菌群落组成受到平均年温度和纤维素的双重影响。厚壁

菌门、埃及球菌门和厚壁菌门受到平均年温度和纤维素的影响，并且对肠道总纤维素酶活性有较高的贡献。*E. nordenskioldi* 的肠道中总纤维素酶的最适温度（25～30℃）低于 *D. ghilarovi* 的最适温度（40℃）。缺乏肠道微生物的蚯蚓，其纤维素降解率较低（1.07%）。这项研究为了解蚯蚓进入新环境时采用的生物策略提供了基础，也说明了肠道微生物在食物消化和环境适应性方面起关键作用。因此，肠道微生物的组成和多样性在某种程度上决定了宿主在生态系统中的生态位。这种复杂的相互依赖关系说明了肠道微生物在生态系统中的重要性，以及它们如何帮助宿主适应并在多变的环境中生存。

二、昼夜节律、肠道微生物与生态系统功能

昼夜节律与肠道微生物之间的相互作用对水生生态系统的功能和稳定性产生重大影响。在水生生态系统中，这种影响尤为重要，因为许多水生生物依赖特定的昼夜节律来调节其生理活动，包括进食、繁殖和休息。昼夜节律对肠道微生物的影响还涉及宿主对环境变化的适应能力。例如，当水生环境的光照和温度发生变化时，宿主的昼夜节律可能会受到影响，进而影响其肠道微生物的组成和功能。这种改变可能影响宿主的健康和生存能力，进而影响整个水生生态系统的平衡。

因此，昼夜节律与肠道微生物的相互作用是理解和维持水生生态系统稳定性的关键因素。对这些相互作用的深入研究有助于科学家们更好地理解水生生物的生理需求，以及如何管理和保护水生生态系统，确保其长期健康和稳定。

昼夜节律在调节肠道微生物方面的作用对维护生态系统的平衡至关重要。首先，昼夜节律的规律性变化直接影响肠道微生物群落的结构和代谢功能，这对于水生生物的营养吸收和能量代谢至关重要。健康的肠道微生物群落能够帮助宿主更有效地利用食物资源，进而影响生态系统中的能量流和物质循环。昼夜节律的变化对肠道微生物群落产生的影响可能会改变宿主对环境变化的适应能力。例如，昼夜节律的失调可能导致肠道微生物群落失衡，从而影响宿主的健康和生存能力，进一步影响整个生态系统的稳定性。因此，保持昼夜节律的规律性对于维持肠道微生物群落的健康和生态系统的稳定性是非常重要的。

昼夜节律与肠道微生物相互作用的研究有助于科学家们更好地理解和管理水生生态系统。通过了解昼夜节律如何影响肠道微生物群落，相关工作者可以采取措施保护和恢复水生生态系统的健康和平衡，为水生生物提供更优良的生活环境，从而促进生态系统的长期稳定和可持续发展。

第七章

现代组学技术在甲壳动物昼夜节律研究中的应用

现代组学技术在研究生物昼夜节律方面发挥了重要作用，这些技术帮助科研工作者们深入理解昼夜节律如何影响基因表达、蛋白质活性和代谢途径。基因组学和转组学揭示了与昼夜节律相关的基因表达模式；蛋白质组学则量化了这些节律对蛋白质水平的影响；而代谢组学分析了昼夜变化对代谢过程的影响。这些综合研究为科学家们提供了关于生物体如何在分子层面适应环境变化的深刻见解。

现代组学技术革新了科学家们对甲壳动物昼夜节律的理解和研究。本章将深入探索转录组学、蛋白质组学和代谢组学等现代技术如何被用于揭示甲壳动物在不同时间段内的生理和行为变化。我们将讨论这些技术如何帮助科学家揭示甲壳动物体内的复杂调控机制，以及这些发现对甲壳动物养殖、保护和研究带来的深远影响。

第一节　现代组学技术概述

一、基因组学

基因组学是研究生物体基因组（全部遗传物质）的结构、功能、演化和交互作用的科学领域。基因组学的研究范围非常广泛，涵盖了生物体基因组的多个关键方面。动物基因组的测序和组装，是理解其遗传信息的基础；基因功能注释则进一步解释了这些基因如何在生物体内发挥作用；比较基因组学通过分析不同物种之间的基因组差异，揭示了它们的进化关系和功能演化；基因表达分析则关注基因如何在不同的环境条件下被开启或关闭，从而揭示复杂的基因调控网络；群体遗传学着眼于种群内部的遗传多样性，帮助科学家们理解物种的遗传结构和演化过程；表观遗传学则是探究那些影响基因表达但不改变DNA序列的因素，如DNA甲基化和组蛋白修饰，这些都是调控基因表达的重要方式。总体来说，基因组学为科学家们提供了一个全面的框架，以理解生物在分子层面的复杂性和多样性。

基因组学在水产动物研究中发挥着关键作用，特别是在揭示遗传信息方面。这些研究不仅提供了深入理解水产动物生态适应性、繁殖策略、抗病能力和生长发育过程的关键见解，还对遗传选择和育种技术的指导起到了至关重要的作用。通过改良水产动物品种，基因组学研究提高了它们的生长效率、疾病抵抗力和环境适应性。近年来，水产动物的基因组测序取得了显著进展，许多重要种类的基因组测序已经完成，包括虾类、鱼类、贝类和藻类等。这些进展不仅有助于提高水产养殖业的可持续性，还促进了自然生态系统中水生生物多样性的保护和恢复。此外，特定基因的功能分析揭示了水产动物在生长、免疫、抗病和环境适应等方面的关键机制，进一步推动了水产动物基因功能研究的发展。

对于甲壳动物而言，基因组学研究已经帮助科研人员识别出与虾类和蟹类生长、抗病和性别决定相关的关键基因。通过这些关键功能基因的研究，科研人员可以识别出与生长、性别决定、抗病等重要生物学过程相关的基因。这有助于深入了解这些生物学过程的分子机制，进而为遗传改良提供了新的途径。甲壳动物基因组学的研究领域仍在不断扩展和深化。未来，人类可以期待更多甲壳动物基因组的测序完成，从而促进更多功能基因的深入研究。

二、转录组学

转录组学是一门涵盖基因表达研究的科学领域，它通过分析细胞或组织中的RNA序列和表达水平，为理解生物体内基因功能、代谢途径和信号通路提供了支持。在水产动物研究中，转录组学技术如RNA测序、差异表达分析和功能富集分析等揭示了在不同生长阶段和环境条件下的基因表达差异，这为优化养殖策略和健康管理提供了重要信息。

转录组学已在生物学、医学、植物学和微生物学等多个领域取得重大进展。它为深入研究生物的基因表达提供了工具，揭示了复杂的基因调控网络，并在医学领域发现了疾病标志物和治疗靶点。此外，它在理解植物的逆境应对机制和微生物的生长条件、代谢途径中也扮演着重要角色。其作为生物学领域的一个关键工具，不仅加深了科学家们对生命奥秘的理解，还为多个学科的研究和应用提供了支持。

对于水产动物而言，转录组学为深入了解这些生物的基因表达模式、生长发育、免疫应答、环境适应性和遗传多样性提供了强大工具。通过高通量测序技术，可以分析水产动物不同组织或不同生长阶段的转录组，揭示基因在特定条件下的表达水平和调控网络。这对水产动物的遗传改良至关重要。通过分析表现出理想性状的个体的基因表达，科研人员能够选育出具有更高经济价值的品种，如生长迅速、抗病能力强的鱼类和虾蟹。其次，转录组学对水产动物的健康管理和环境适应性研究也至关重要。监测免疫相关基因的表达有助于了解水产动物的免疫机制，预测健康问题，以及研究它们如何适应不同的生态环境。此外，转录组学还揭示了水产动物生长发育的基因调控机制，为养殖管理提供了宝贵的指导。

三、蛋白质组学

蛋白组学是研究生物体内所有蛋白质的领域，已成为现代生物学的核心。通过质谱技术和蛋白质鉴定，蛋白组学揭示了蛋白质在细胞信号传导、代谢途径和基因调控中的作用。在医学领域，利用蛋白质组学技术分析患者体液和组织的蛋白质组成，发现疾病生物标志物，研究药物靶点和作用机制，促进个性化医疗和药物开发。同时，在植物学和微生物学研究中，蛋白组学帮助理解植物的逆境应对机制和微生物的代谢途径，推动生物技术和发酵工业的进步。蛋白组学作为揭示生命分子机制的重要工具，对医学、植物学和微生物学等领域的研究贡献巨大。随着技术进步，蛋白组学预计将实现更多科学突破和应用拓展。

四、代谢组学

代谢组学是研究生物体内全部小分子化合物（代谢物）的组成和变化的科学领域。它使用先进的技术，如质谱和核磁共振（NMR），来鉴定和量化细胞内的代谢物。代谢组学在揭示生物体如何应对环境变化、疾病状态以及生物体内代谢途径的功能方面起着关键作用。通过分析不同条件下的代谢物变化，代谢组学可以帮助科学家理解疾病的分子机制，优化生物技术过程，甚至指导药物开发和个性化医疗。总的来说，代谢组学为理解生物体复杂的代谢网络和生命过程提供了巨大的支持。

五、微生物组学

微生物组学是一门研究微生物群落的组成、功能和相互作用的科学领域。它通常涉及使用 16S rRNA 测序和宏基因组测序技术来分析特定环境（如人体肠道、土壤或水体）中的微生物多样性。微生物组学有助于揭示微生物如何影响宿主的健康、生态系统的稳定性和营养循环。在医学、农业和环境科学领域，这一学科的研究成果正逐渐展现其重要性，例如在疾病的诊断和治疗、农作物的生长和土壤健康的维护方面。总之，微生物组学是深入理解微生物世界和其与环境之间复杂互动的强大工具。

第二节 现代组学技术对昼夜节律研究的影响

过去 20 年来，“组学”技术在生物医学科学领域的应用迅速增长，主要包括转录组、蛋白组和代谢组分析等技术。这些分析方法对昼夜节律的研究产生了重大影响，尤其是因为生物节律在生物体生理的每个层次都是普遍存在的，并且似乎特别适合进行大规模分析。系统生物学方法为深入了解生物节律的本质提供了巨大机遇，但也在正确收集和解释大量数据集方面带来了独特的挑战。

近年来，组学技术如微阵列和下一代测序的进步极大地促进了昼夜节律基因全基因组范围内识别的能力。这些技术的发展激发了包括数学、统计学、天体物理学等多个领域的方法学创新。例如，Lomb-Scargle 周期图谱是一种借鉴自天体物理学的算法，它通过比较数据与不同周期和相位的正弦曲线来检测振荡。ARSER 算法则使用自回归谱估计和谐波回归模型来预测周期性并拟合时间序列。与基于模型的 Lomb-Scargle 和 ARSER 不同，JTK _ CYCLE 采用非参数方法，通过比较数据排名和一组预定义的对称参考曲线来发现振荡。RAIN 和 eJTK _ CYCLE 分别建立在 JTK _ CYCLE 的基础之上，加入了对非对称波形的考虑，以及对多重假设检验的显式计算，以提高精度。MetaCycle 集成了 LS、ARSER 和 JTK _ CYCLE 三种方法，采用最佳化技术综合其结果，提高了周期性检测的准确性。最新的 BIO _ CYCLE 方法则利用深度神经网络，经过昼夜节律和非昼夜节律时间序列数据的训练，展示了其在模拟和实际数据上的应用潜力。

高通量技术的最新进展使得可以在全基因组范围内检测昼夜节律。尽管如此，与所有基因组数据一样，用于昼夜节律检测的多时间点组学数据具有技术和生物变异性，如果不正确处理，可能会使分析产生偏差。数据归一化和批次效应校正对于消除技术偏差和人为误差至关重要。

多项研究已评估了这些方法在昼夜节律检测性能上的差异，发现其效果受到实验设计、目标波形等多种因素的影响。尽管如此，目前尚无全面总结和评估所有现有方法的文献。科学家们使用了包含已知昼夜节律和非昼夜节律基因的实际数据进行演示和基准测试。实验数据来源于经历了两种不同实验设计的小鼠肝组织。在全暗条件下，科学家们评估了每种算法使用基因表达微阵列数据的准确性和可重复性；在光暗交替条件下，使用了四种下一代测序平台，探究了各方法在昼夜节律基因识别方面的稳定性。还包括了蛋白质组数据集，以扩展到非转录组数据的评估，并进行了广泛的模拟研究，探讨了不同变量对算法性能的影响。科学家们还指出了使用 Benjamini-Hochberg 程序控制假发现率的局限性。这些研究的进行和完成为后续实验设计以及提高昼夜节律分析的严密性和可重复性提供了指导，并为未来的方法和数据集比较提供了一个框架。这些成果和源代码可在 GitHub 上获取，旨在促进此领域的进一步研究。

第三节　组学技术在甲壳动物昼夜节律研究中的应用现状

对于甲壳动物而言，进行昼夜节律研究不仅有助于理解这些生物的生态适应性和行为模式，还为甲壳动物养殖和保护提供了重要信息。随着组学技术的迅速发展，包括转录组学、蛋白质组学和代谢组学在内的高通量方法已成为深入研究甲壳动物昼夜节律的有力工具。本节将探讨组学技术在甲壳动物昼夜节律研究中的应用，这些先进的组学技术为科学家们提供了深入分析甲壳动物在不同昼夜周期下的生理和行为变化的工具。同时，在分子层面探讨甲壳动物如何调节其生物钟来适应环境变化，从而为生物钟研究领域带来新的见解。

一、转录组学在甲壳动物昼夜节律研究中的应用

转录组学作为现代组学测序的一个重要分支，在甲壳动物昼夜节律研究中展现出了巨大的潜力。近期的研究利用转录组学技术，通过分析甲壳动物在不同时间点的基因表达模式，揭示了控制其生物钟的分子机制。这些研究主要集中于识别与昼夜节律调控相关的关键基因和信号通路，包括光感知、时钟基因的振荡调控以及激素调节等方面的基因。

通过对甲壳动物进行转录组分析，研究人员已经能够鉴定出数十到数百个显著表达的基因，这些基因在日夜周期中表现出明显的表达模式变化。这些基因涉及多个生物过程和途径，包括代谢、信号传导、光感应反应和应激反应等，暗示了复杂的调控网络支撑着甲壳动物的生物钟。例如，通过RNA测序，研究人员识别了包括核心时钟基因（如 *Period*、*Cryptochrome*、*Timeless*、*clock*、*bmal1*）在内的一整套昼夜钟基因同源物，以及23个与时钟相关的基因。研究还发现了与蜕皮和行为调控相关的关键基因，如 *MIH*、角质蛋白、过氧化物酶、水通道蛋白和泛素连接酶等。

笔者在对中华绒螯蟹昼夜眼柄转录组影响的比较分析中，识别出4771个显著差异表达的基因（DEGs），其中4269个在白天上调，502个在夜间上调。这些DEGs主要参与了蜕皮、行为调控等过程，揭示了昼夜节律对蟹类生物学功能的广泛影响。

随后，笔者通过高通量测序技术，分析了中华绒螯蟹在一天中不同时间点的血淋巴转录组。具体方法是分别在06:00、12:00、18:00和24:00四个时间点随机收集20只中华绒螯蟹的血淋巴，并立即与无菌抗凝剂按1∶1的比例稀释。将混合物以12000转/分钟的速度离心10分钟，然后弃去上清液，收集沉淀并冷冻在液氮中以备进行RNA提取。样品在不同时间点分别放置在2毫升无RNase的离心管中，并存放在−80℃直到进行RNA提取（每个离心管含有四只中华绒螯蟹的血淋巴）。随后送到测序公司进行测序分析。

测序总共生成了47318760条原始测序读数，来自20只中华绒螯蟹测序文库（见表7-1）。在对原始读数进行过滤和清洗后，有43392943条（占总数的91.7%）高质量读数用于组装（见表7-2）。这些序列共生成了301661

条转录本和103998个基因组。从BLASTx结果来看，注释数量最多的前五个物种分别是 *Zootermopsis nevadensis*（1419个，占比7.35%）、*Rattus norvegicus*（867个，占比4.49%）、*Limulus polyphemus*（758个，占比3.93%）、*Daphnia magna*（522个，占比2.70%）和 *Daphnia pulex*（504个，占比2.61%）（图7-1）。

表7-1 中华绒螯蟹不同时间血淋巴转录组测序质量表

样本	读数	碱基数/bp	大于Q30/bp	N含量/%	大于Q20/%	大于Q30/%
B_a_1	46118824	6917823600	6465642485	0.000895	97.42	93.46
B_a_2	45552870	6832930500	6367835722	0.000894	97.27	93.19
B_a_3	50689212	7603381800	7043694154	0.000895	97.03	92.63
B_a_4	52814718	7922207700	7350404203	0.000894	97.1	92.78
B_a_5	52471556	7870733400	7351457817	0.000894	97.38	93.4
B_b_1	47214214	7082132100	6581036337	0.000897	97.14	92.92
B_b_2	50057780	7508667000	6993444579	0.000898	97.25	93.13
B_b_3	48052960	7207944000	6719374477	0.000898	97.29	93.22
B_b_4	44680494	6702074100	6257632818	0.000908	97.34	93.36
B_b_5	44994758	6749213700	6299940204	0.000895	97.33	93.34
B_c_1	44485446	6672816900	6228098139	0.0009	97.32	93.33
B_c_2	50757614	7613642100	7107980387	0.000898	97.37	93.35
B_c_3	48981918	7347287700	6850848965	0.000894	97.31	93.24
B_c_4	48885300	7332795000	6821396822	0.000894	97.22	93.02
B_c_5	44145338	6621800700	6162364298	0.000891	97.22	93.06
B_d_1	38955202	5843280300	5377080910	0.001095	96.77	92.02
B_d_2	48648226	7297233900	6783727727	0.001556	97.03	92.96
B_d_3	47971658	7195748700	6698423090	0.001631	97.1	93.08
B_d_4	45067472	6760120800	6289951152	0.001569	97.09	93.04
B_d_5	45829654	6874448100	6426367435	0.001586	97.27	93.48

表7-2 中华绒螯蟹不同时间血淋巴转录组测序统计表

样本	干净读数数量	干净数据的碱基数/bp	干净读数百分比/%	干净数据百分比/%
B_a_1	42724244	6408636600	92.63	92.63
B_a_2	42208650	6331297500	92.65	92.65
B_a_3	46859652	7028947800	92.44	92.44

续表

样本	干净读数数量	干净数据的碱基数/bp	干净读数百分比/%	干净数据百分比/%
B_a_4	48695050	7304257500	92.19	92.19
B_a_5	46717168	7007575200	89.03	89.03
B_b_1	43710390	6556558500	92.57	92.57
B_b_2	46426322	6963948300	92.74	92.74
B_b_3	44398526	6659778900	92.39	92.39
B_b_4	41529770	6229465500	92.94	92.94
B_b_5	41770310	6265546500	92.83	92.83
B_c_1	41199012	6179851800	92.61	92.61
B_c_2	47286316	7092947400	93.16	93.16
B_c_3	45264738	6789710700	92.41	92.41
B_c_4	45334006	6800100900	92.73	92.73
B_c_5	40722978	6108446700	92.24	92.24
B_d_1	35028198	5254229700	89.91	89.91
B_d_2	43459088	6518863200	89.33	89.33
B_d_3	43085064	6462759600	89.81	89.81
B_d_4	40309006	6046350900	89.44	89.44
B_d_5	41130380	6169557000	89.74	89.74

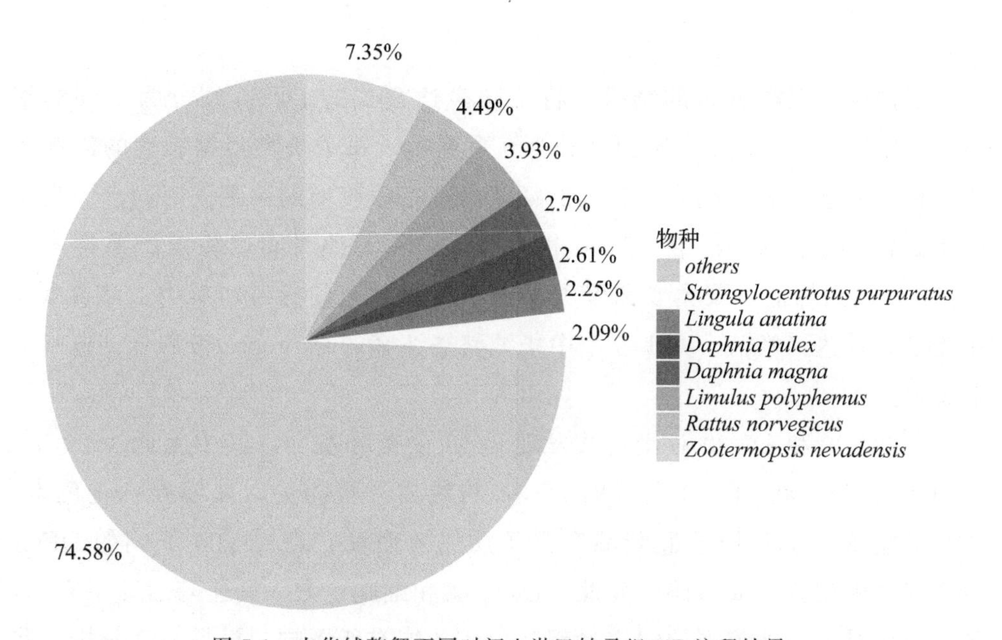

图 7-1　中华绒螯蟹不同时间血淋巴转录组 NR 注释结果

PCA 分析结果表明，不同时间点采集的中华绒螯蟹样本具有显著性差异，而同一时间点采集的样本具有较高的相似性。但是在 6:00 采集的样品与其他样品有明显的不同。在 06:00 与 12:00 相比有 4369 个基因差异表达，06:00 与 18:00 相比差异表达基因减少到 3659 个，06:00 与 24:00 相比差异表达量增加到 6120 个，12:00 与 24:00 相比差异表达量最多，达到 7495 个，其中 5392 个基因上调，2103 个基因下调（图 7-2）。

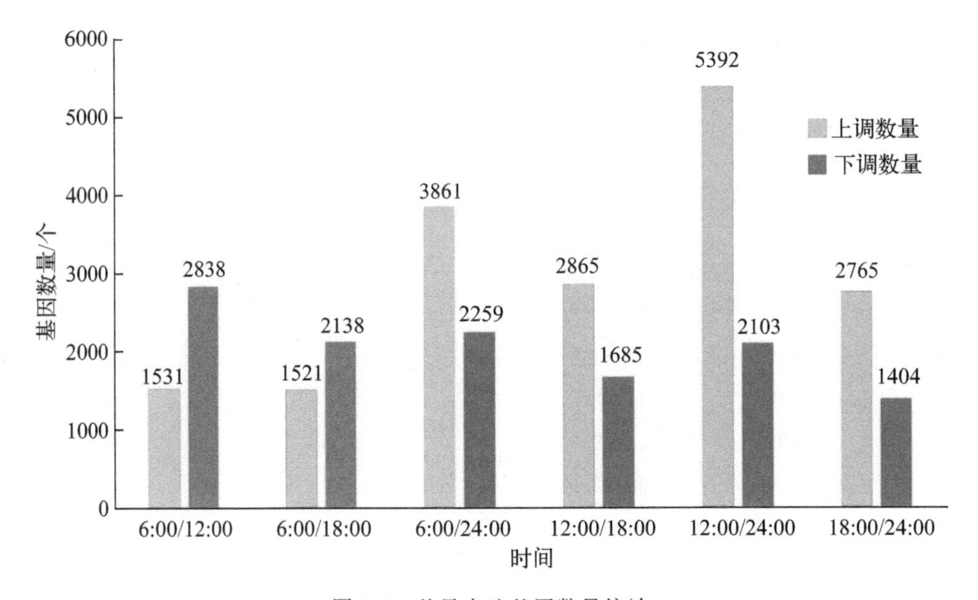

图 7-2　差异表达基因数量统计

根据层次聚类分析的结果，将不同表达模式的 DEGs 划分为不同的聚类。总的来说，15564 个基因被分为 9 个聚类，每个聚类根据表达的波动表现出相似的基因表达趋势。它们的峰值出现在昼夜周期的不同时间点。聚类 1 和聚类 2 的 unigenes 在 12:00 相对上调，在其他时间点稳定。聚类 4 在 06:00 时达到峰值，聚类 8 和聚类 9 在 18:00 时达到峰值，聚类 5 和聚类 6 在 24:00 时达到峰值。共 115 个中华绒螯蟹注释的 unigenes 被划分到这 9 个聚类中。

在 06:00 和 18:00 对比组共发现 3659 个差异基因，其中上调 1521 个，下调 2138 个。在 18:00 上调的 DEGs 与蜕皮过程相关，如编码隐花色素、幼激素酯酶、JHE 样羧酸酯酶和几丁质脱乙酰酶；在 18:00 下调的 DEGs 与免疫过程相关，如编码甲壳肽、Dicer 酶和细胞色素 c 氧化酶。结果表明，昼夜节律对中华绒螯蟹的蜕皮过程和免疫功能有所影响。根据 GO 分析，我们构建了一个生物过程类别的有向无环图（DAG），其中最显著富集的子类别是神经系统发育。KEGG 通路分析进一步显示，前 15 个通路在下调的 DEGs 中显著富集，其中许多通路与生物系统和代谢过程相关。此外，昼夜节律调控通路图表明，大部分基因呈现下调趋势，涉及钙调素和一些细胞外信号调节激酶基因。然而，谷氨酸受体离子性 NMDA（GRIN）基因表达上调。

12:00 和 24:00 对比组共检测到 7,495 个 DEGs，其中大部分（5,392 个）升高。GO 富集分析显示，上调基因主要富集在信号识别颗粒（SRP）依赖的共翻译蛋白靶向膜通路中。特别是其中的过氧化物酶、谷氨酰胺转胺酶、过氧化氢酶、α-2-巨球蛋白和铁蛋白与免疫功能有关。KEGG 富集分析显示，最显著上调的基因涉及视黄醇代谢和类固醇激素生物合成途径。然而，氧化磷酸化和柠檬酸循环途径富集了最显著下调的基因。这也证实了中华绒螯蟹的免疫功能在昼夜节律下存在显著差异。值得注意的是，一些参与昼夜节律传导途径的基因，如 *GRIN*、鸟嘌呤核苷酸结合蛋白（*GNB*）和腺苷酸环化酶（*ADCY*）均上调。

为了验证测序结果的准确性，我们选择了几个与免疫、生长和代谢有关的基因进行 qRT-PCR 分析。结果显示，与代谢、免疫和生长相关的基因在同一天的 06:00、12:00、18:00 和 24:00 时的表达量随昼夜节律而变化，表明中华绒螯蟹的生长代谢及免疫功能在昼夜节律下出现显著差异变化（图 7-3）。

本项研究不仅揭示了转录组水平上昼夜节律如何影响中华绒螯蟹的生理功能，而且为探索甲壳动物适应环境变化的分子机制提供了重要线索。时间表达分析揭示了这些基因的节律表达模式，表明复杂的调节网络支撑着该物种的昼夜节律。这项工作扩展了科学家们对甲壳动物昼夜节律驱动的分子机制的理解，突出了时钟组分在物种间的进化保守性和变异性。

此外，转录组学方法也揭示了环境因素如光照和温度如何影响甲壳动物的生物钟。通过比较不同环境条件下的基因表达模式，研究人员能够更好地理解这些外部因素是如何通过改变基因表达来调节甲壳动物的生物节律，进而影响其生理和行为的。如有研究人员深入探讨了环境光照和温度如何通过调节基因表达进而影响甲壳动物的生物钟。在清洁虾（*Lysmata amboinensis*）上的研究发现，其对光照特别是 480～540 纳米波长范围的光非常敏

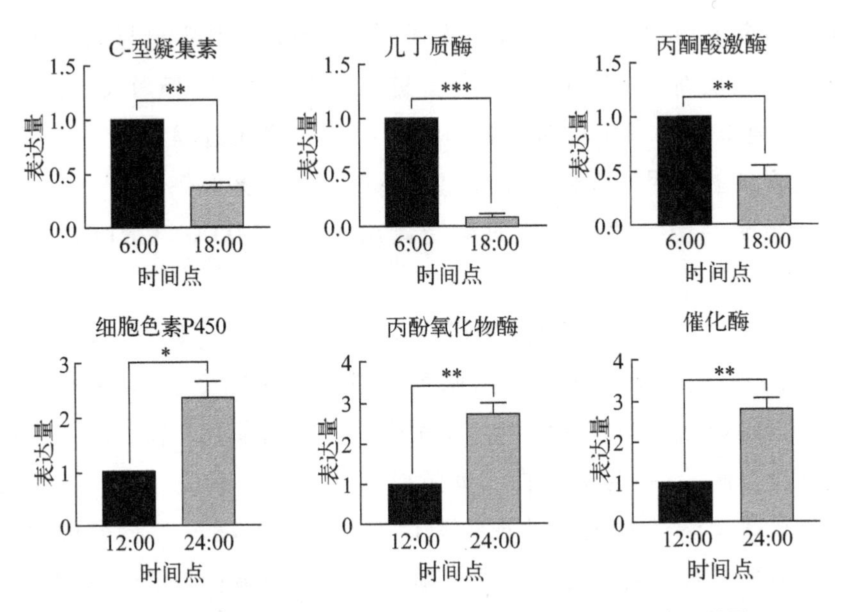

图 7-3 qRT-PCR 验证昼夜节律下血淋巴转录组的差异表达基因

* 表示差异性显著（$P<0.05$）

感。通过研究清洁虾在不同光周期和特定波长下的昼夜节律，发现光周期和照射波长显著影响其生物节律。具体来说，红光和绿光照射下，清洁虾的钟基因（如 *Cryptochrome*1 和 *Period*2）mRNA 水平和褪黑素水平的日夜差异显著大于在白色荧光灯下观察到的差异。这一发现不仅加深了对于环境光照如何通过影响基因表达调节甲壳动物生物钟的理解，也为研究甲壳动物适应环境变化的分子机制提供了新的视角。通过这项研究发现，特定的光照条件对于维持甲壳动物的生理健康和行为模式至关重要，特别是对于那些在人工环境中养殖的装饰性和经济性甲壳动物。

笔者通过转录组学方法深入探讨了光照和温度等环境因素如何影响中华绒螯蟹的生物钟，进而调节其生理和行为。通过将中华绒螯蟹分别置于 3 种光照条件下：自然光照（12L/12D，作为对照）、全光照（24L/0D）和全黑暗（0L/24D），在第 2 天、第 4 天和第 6 天分别取肝胰腺进行转录组测序。试验样品命名：2、4、6 代表试验的天数；将自然光照组的样品分别命名为 HN2、HN4、HN6；全光照组的样品分别命名为 HL2、HL4、HL6；全黑暗组的样品分别命名为 HD2、HD4、HD6。

测序后共获得 130075274 条原始序列（reads），碱基识别准确率在 99.9%以上的碱基所占比例（Q30）达到 90.64%（表 7-3）。对原始 reads

进行过滤后，得到110958348条高质量reads（表7-4）。将这些高质量reads用Trinity软件从头组装后得到unigenes，分别有78701、50358、36889、51563和67040个unigenes注释到NR、GO、KEGG、Swissprot和eggNOG数据库（表7-5）。在以上5个数据库都注释成功的unigenes占总数的17.14%。

表7-3 转录组测序信息统计

样本	读数	碱基数/bp	大于Q20/%	大于Q30/%
2-E-L-1	47531556	7129733400	96.70	92.12
2-E-L-2	51086712	7663006800	96.41	91.57
2-E-L-3	48875700	7331355000	95.90	90.64
2-E-D-1	45190922	6778638300	96.65	92.00
2-E-D-2	45148566	6772284900	96.53	91.88
2-E-D-3	49970130	7495519500	97.02	92.66
2-E-N-1	49819870	7472980500	96.63	91.95
2-E-N-2	46510268	6976540200	96.75	92.08
2-E-N-3	40975142	6146271300	96.71	92.05
4-E-L-1	48486932	7273039800	96.50	91.64
4-E-L-2	46297908	6944686200	96.61	91.92
4-E-L-3	44600702	6690105300	96.63	91.91
4-E-D-1	50772066	7615809900	96.79	92.21
4-E-D-2	44818322	6722748300	96.44	91.63
4-E-D-3	52678496	7901774400	96.77	92.31
4-E-N-1	43086798	6463019700	96.82	92.35
4-E-N-2	45452204	6817830600	96.79	92.22
4-E-N-3	46520634	6978095100	96.60	91.89
6-E-L-1	43720684	6558102600	96.20	91.18
6-E-L-2	40473144	6070971600	96.39	91.46
6-E-L-3	45273738	6791060700	96.69	92.01
6-E-D-1	45794100	6869115000	96.08	90.89
6-E-D-2	42571902	6385785300	96.51	91.66
6-E-D-3	45602772	6840415800	96.34	91.49
6-E-N-1	43973142	6595971300	96.67	92.06
6-E-N-2	46805456	7020818400	96.58	91.95
6-E-N-3	49358704	7403805600	96.25	91.34

表 7-4　过滤后 clean reads 的统计数据

样本	干净读数数量	干净数据的碱基数/bp	干净读数百分比/%
2-E-L-1	42645506	6396825900	89.72
2-E-L-2	45663482	6849522300	89.38
2-E-L-3	43773492	6566023800	89.56
2-E-D-1	41342194	6201329100	91.48
2-E-D-2	40255534	6038330100	89.16
2-E-D-3	44907644	6736146600	89.86
2-E-N-1	44640118	6696017700	89.60
2-E-N-2	41815266	6272289900	89.90
2-E-N-3	36867796	5530169400	89.97
4-E-L-1	43129466	6469419900	88.95
4-E-L-2	41372870	6205930500	89.36
4-E-L-3	40537772	6080665800	90.89
4-E-D-1	45863414	6879512100	90.33
4-E-D-2	40072550	6010882500	89.41
4-E-D-3	40259978	6038996700	76.42
4-E-N-1	37907576	5686136400	87.97
4-E-N-2	40516880	6077532000	89.14
4-E-N-3	41710084	6256512600	89.65
6-E-L-1	38398750	5759812500	87.82
6-E-L-2	36075812	5411371800	89.13
6-E-L-3	35718558	5357783700	78.89
6-E-D-1	40708160	6106224000	88.89
6-E-D-2	38666090	5799913500	90.82
6-E-D-3	41046054	6156908100	90.00
6-E-N-1	39496764	5924514600	89.82
6-E-N-2	42030634	6304595100	89.79
6-E-N-3	44162904	6624435600	89.47

表 7-5　中华绒螯蟹参考基因组的信息注释

数据库	注释数量	注释百分比/%
NR	78701	41.62
GO	50358	26.63
KEGG	36889	19.51

续表

数据库	注释数量	注释百分比/%
eggNOG	67040	35.46
Swissprot	51563	27.27
In all database	32406	17.14

利用 RNA-seq 分析不同光周期的眼柄中基因的差异表达，共筛选出 1809 个差异表达基因（DEGs），其中 972 个上调表达，837 个下调表达（图 7-4）。在全光照处理下，EN2 vs EL2、EN4 vs EL4 和 EN6 vs EL6 组中分别筛到 282、177 和 217 个 DEGs；在全黑暗处理下，EN2 vs ED2、EN4 vs ED4 和 EN6 vs ED6 组中分别筛到 111、136 和 66 个 DEGs。发现第 2 天、4 天和 6 天全光照组的 DEGs 数量都多于全黑暗组，表明眼柄在全光照处理中受到的影响大于全黑暗处理。全黑暗组与全光照组比，DEGs 数量在第 2 天最多（ED2 vs EL2），第 4 天和 6 天的 DEGs 逐渐减少（ED4 vs EL4、ED6 vs EL6）。

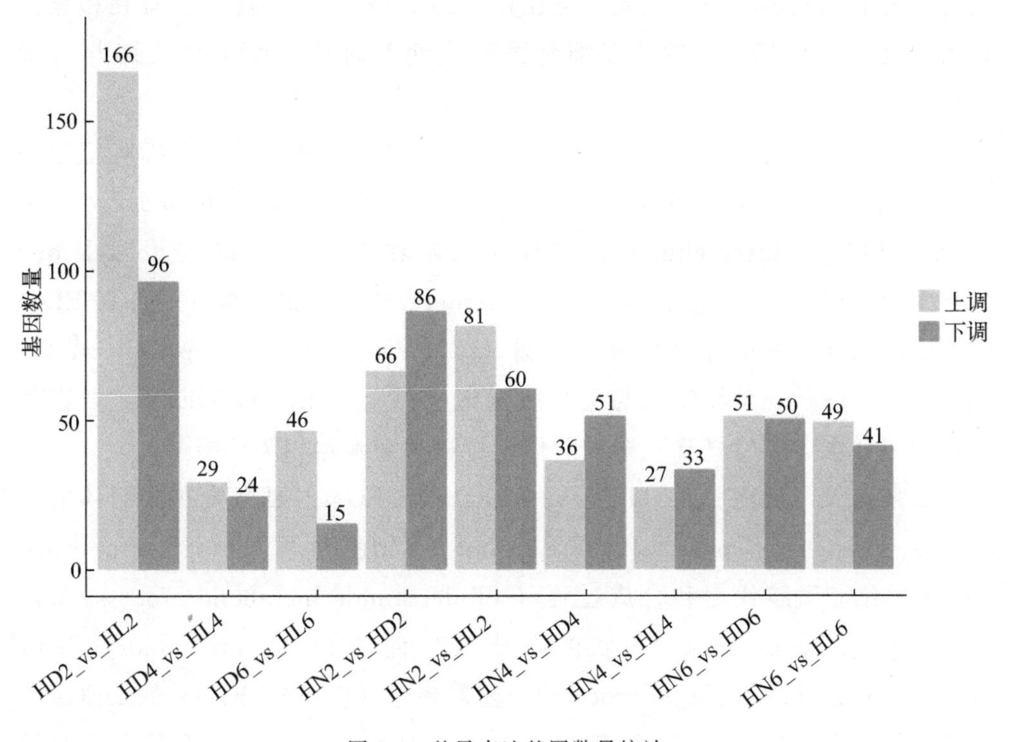

图 7-4 差异表达基因数量统计

GO功能分为三个主要的本体，分别是生物过程、细胞组分和分子功能。对第2天、4天和6天不同光周期处理下眼柄的差异基因进行GO富集分析，挑选富集最显著的前20个GO条目进行展示，从而确定差异基因行使的主要生物学功能。在第2天，全光照组（EN2 vs EL2）的DEGs富集在色氨酸代谢过程（tryptophan metabolic process）、钠通道活性（sodium channel activity）、吲哚烷胺代谢过程（indolalkylamine metabolic process）、细胞质大核糖体亚基（cytosolic large ribosomal subunit）、羧基水解酶活性（carboxy-lyase activity）、维生素结合（vitamin binding）和细胞生物胺代谢过程（cellular biogenic amine metabolic process）。全黑暗组（EN2 vs ED2）的DEGs主要富集在酰胺类生物合成和代谢（amide biosynthetic process，cellular amide metabolic process）、细胞生物合成过程（cellular biosynthetic process）、细胞氮复合物合成和代谢（cellular nitrogen compound biosynthetic process，cellular nitrogen compound metabolic process）和多肽生物合成和代谢过程（peptide biosynthetic process、peptide metabolic process）相关功能上。全黑暗组与全光照组相比（ED2 vs EL2），除了富集在核糖体相关功能上，DEGs还富集在细胞酰胺代谢与合成、肽生物代谢与合成过程。

在第4天，全光照组（EN4 vs EL4）的DEGs主要富集在细胞组分一类，如细胞器（organelle）、无膜细胞器（non-membrane-bounded organelle）、细胞内（intracellular）、微管细胞骨架（microtubule cytoskeleton）和超大分子聚合物（supramolecular polymer）等。全黑暗组（EN4 vs ED4）的DEGs在含嘌呤的化合物分解代谢（purine-containing compound catabolis）中比较活跃。全黑暗组与全光照组比（ED4 vs EL4），DEGs主要富集在水解酶活性、嘌呤核苷三磷酸的代谢过程和细胞器相关功能上。

在第6天，全光照组（EN6 vs EL6）的DEGs主要富集在核糖体的结构成分（structural constituent of ribosome）、细胞翻译（cytoplasmic translation）、细胞酰胺代谢和合成过程（cellular amide metabolic process、amide biosynthetic process）和肽的合成及代谢过程（peptide biosynthetic process、peptide metabolic process）。全黑暗组（EN6 vs ED6）的DEGs主要富集在结合（binding）、核苷酸结合（nucleotide binding）和核苷磷酸结合（nucleoside phosphate binding）功能上。全黑暗组与全光照组比（ED6 vs EL6)，DEGs 主要富集质膜（plasma membrane）和各种转运功能，如有机物质运输（organic substance transport）、有机阴离子输运（organic anion transport）、有机酸转运（organic acid transport）和羧酸转运（carboxylic acid transport）。

为阐明不同光周期下眼柄中差异表达基因之间的联系，采用 KEGG 进行通路富集分析（表 7-6）。第 2 天全光照组（EN2 vs EL2）的 DEGs 主要富集在在核糖体（Ribosome）、吞噬体（Phagosome）、类固醇的生物合成（Steroid biosynthesis）、糖磷脂的生物合成（Glycosphingolipid biosynthesis）、花生四烯酸代谢（Arachidonic acid metabolism）、咖啡因代谢（Caffeine metabolism）和 MAPK 信号通路-植物（MAPK signaling pathway-plant）通路上。全黑暗组（EN2 vs EL2）的 DEGs 除了富集在核糖体、吞噬体相关通路上，还显著富集在膦酸盐和磷酸盐的代谢（Phosphonate and phosphinate metabolism）通路上。全黑暗组与全光照组相比（ED2 vs EL2），DEGs 主要富集在核糖体、吞噬体、各种类型的 N-糖生物合成与代谢和脂质代谢相关通路上。

第 4 天发现全光照组（EN4 vs EL4）的 DEGs 除了富集在核糖体、吞噬体和蛋白酶体（Proteasome）外，还显著富集到一个代谢通路（柠檬酸循环）和一个信号转导通路（MAPK 信号通路-植物）；在柠檬酸循环（Citrate cycle）通路上 6 个 DEGs 都表达上调。在全黑暗组（EN4 vs ED4）的 DEGs 只显著富集到吞噬体和同源重组（Homologous recombination）这 2 条通路上，在代谢通路无显著性富集。全黑暗组与全光照组相比（ED4 vs EL4），发现 DEGs 显著富集在核糖体、吞噬体、蛋白酶体、柠檬酸循环（TCA 循环）、MAPK 信号途径-植物和自噬-其他（Autophagy-other）通路上。

第 6 天全光照组（EN6 vs EL6）的 DEGs 富集到核糖体、吞噬体、内吞、MAPK 信号途径-植物、丙烷、哌啶和吡啶生物碱的生物合成（Tropane，piperidine and pyridine alkaloid biosynthesis）和蛋白酶体（Proteasome）通路上。值得注意的是，MAPK 信号途径-植物是唯一的信号通路，且这个通路在第 2、4 和 6 天的全光照组中均被显著性富集。全黑暗组（EN6 vs ED6）的 DEGs 显著富集到谷胱甘肽代谢（Glutathione metabolism）和丙酸代谢（Propanoate metabolism）2 条代谢通路上，还富集在吞噬体、核糖体、RNA 聚合酶（RNA polymerase）和泛素介导的蛋白水解（Ubiquitin mediated proteolysis）。全黑暗组与全光照组相比（ED6 vs EL6），发现 DEGs 富集在 5 条代谢相关的通路上，包括丙烷、哌啶和吡啶生物碱的生物合成（Tropane，piperidine and pyridine alkaloid biosynthesis）、嘧啶代谢（Pyrimidine metabolism）、异喹啉生物碱的生物合成（Isoquinoline alkaloid biosynthesis）、丙氨酸、天冬氨酸和谷氨酸代谢（Alanine，aspartate and glutamate metabolism）和半乳糖代谢（Galactose metabolism）。

表 7-6　KEGG 通路富集分析

EN2 vs EL2 通路	一级分类	上调基因数	下调基因数
核糖体	遗传信息处理	9	0
真核生物的核糖体生物合成	遗传信息处理	5	0
类固醇生物合成	代谢	0	2
糖鞘脂生物合成	代谢	1	1
花生四烯酸代谢	代谢	0	3
咖啡因代谢	代谢	0	2
MAPK 信号通路-植物	环境信息处理	1	0
吞噬体	细胞过程	1	3
EN2 vs ED2 通路			
核糖体	遗传信息处理	13	0
真核生物的核糖体生物合成	遗传信息处理	5	0
磷酸盐和磷酸亚盐代谢	代谢	1	0
内吞作用	细胞过程	2	1
ED2 vs EL2 通路			
核糖体	遗传信息处理	20	11
吞噬体	细胞过程	6	4
亚油酸代谢	代谢	1	3
真核生物的核糖体生物合成	遗传信息处理	4	4
花生四烯酸代谢	代谢	1	4
其他聚糖降解	代谢	0	4
各种类型的 N-聚糖生物合成	代谢	1	3
EN4 vs EL4 通路			
核糖体	遗传信息处理	7	6
吞噬体	细胞过程	8	0

续表

EN2 vs EL2 通路	一级分类	上调基因数	下调基因数
蛋白酶体	遗传信息处理	3	0
柠檬酸循环(TCA 循环)	代谢	6	0
MAPK 信号通路-植物	环境信息处理	2	0
自噬-其他	细胞过程	2	0
EN4 vs ED4 通路			
吞噬体	细胞过程	0	3
同源重组	遗传信息处理	1	1
ED4 vs EL4 通路			
核糖体	遗传信息处理	2	12
吞噬体	细胞过程	10	1
蛋白酶体	遗传信息处理	4	1
柠檬酸循环(TCA 循环)	代谢	9	0
MAPK 信号通路-植物	环境信息处理	3	0
自噬-其他	细胞过程	3	0
EN6 vs EL6 通路			
核糖体	遗传信息处理	22	0
吞噬体	细胞过程	8	0
内吞作用	细胞过程	6	0
MAPK 信号通路-植物	环境信息处理	2	0
茶碱、哌啶和吡啶生物碱生物合成	代谢	1	0
蛋白酶体	遗传信息处理	2	0
EN6 vs ED6 通路			
吞噬体	细胞过程	1	1
RNA 聚合酶	遗传信息处理	0	1
核糖体	遗传信息处理	0	1
泛素介导的蛋白质降解	遗传信息处理	1	0
谷胱甘肽代谢	代谢	1	0
丙酸代谢	代谢	1	0
ED6 vs EL6 通路			
茶碱、哌啶和吡啶生物碱生物合成	代谢	1	0
嘧啶代谢	代谢	0	3
异喹啉生物碱生物合成	代谢	1	0
丙氨酸、天冬氨酸和谷氨酸代谢	代谢	1	2
半乳糖代谢	代谢	1	1

根据差异表达基因的 GO 功能分类和 KEGG 信号通路富集分析，筛选出主要的生殖相关基因：保幼激素诱导蛋白（Juvenile hormone-inducible protein）、前列腺素 D 合酶（prostaglandin D synthase）、胰岛素样生长因子结合蛋白（insulin-like growth factor-binding protein）、促性腺激素诱导转录（gonadotropin inducible transcription）、甲壳动物高血糖激素（crustacean hyperglycemic hormone）和 E3 泛素蛋白连接酶（E3 ubiquitin-protein ligase）（表 7-7）。

表 7-7 中华绒螯蟹生殖相关的基因

样本	基因	上调/下调	P 值
EN2 vs EL2	Juvenile hormone-inducible protein	下调	0.001925529
EN2 vs EL2	prostaglandin D synthase	下调	0.006133573
ED2 vs EL2	Juvenile hormone-inducible protein	下调	0.007739685
EN4 vs EL4	gonadotropin inducible transcription	上调	0.023812745
EN4 vs ED4	insulin-like growth factor-binding protein	上调	0.024775594
EN6 vs EL6	E3 ubiquitin-protein ligase	上调	0.045919964
EN6 vs ED6	crustacean hyperglycemic hormone	下调	0.012216413

在第 2 天全光照组（EN2 vs EL2）的保幼激素诱导蛋白和前列腺素 D 合酶都表达下调，全黑暗组的性腺相关的基因无显著性变化。保幼激素诱导蛋白在 ED2 vs EL2 中表达下调。在第 4 天全光照组（EN4 vs EL4）促性腺激素诱导转录表达上调，全黑暗组（EN4 vs ED4）胰岛素样生长因子结合蛋白表达上调。甲壳动物高血糖激素在 ED4 vs EL4 中上调。在第 6 天全光照组（EN6 vs EL6）E3 泛素蛋白连接酶表达上调，甲壳动物高血糖激素在全黑暗组（EN6 vs ED6）表达下调。

为进一步验证转录组测序结果的可靠性，通过 qPCR 检测 Juvenile hormone-inducible protein、prostaglandin D synthase、insulin-like growth factor-binding protein、gonadotropin inducible transcription、crustacean hyperglycemic hormone 和 E3 ubiquitin-protein ligase 在中华绒螯蟹眼柄组织中的表达，结果显示这些被检测的基因表达趋势与测序趋势一致（图 7-5）。

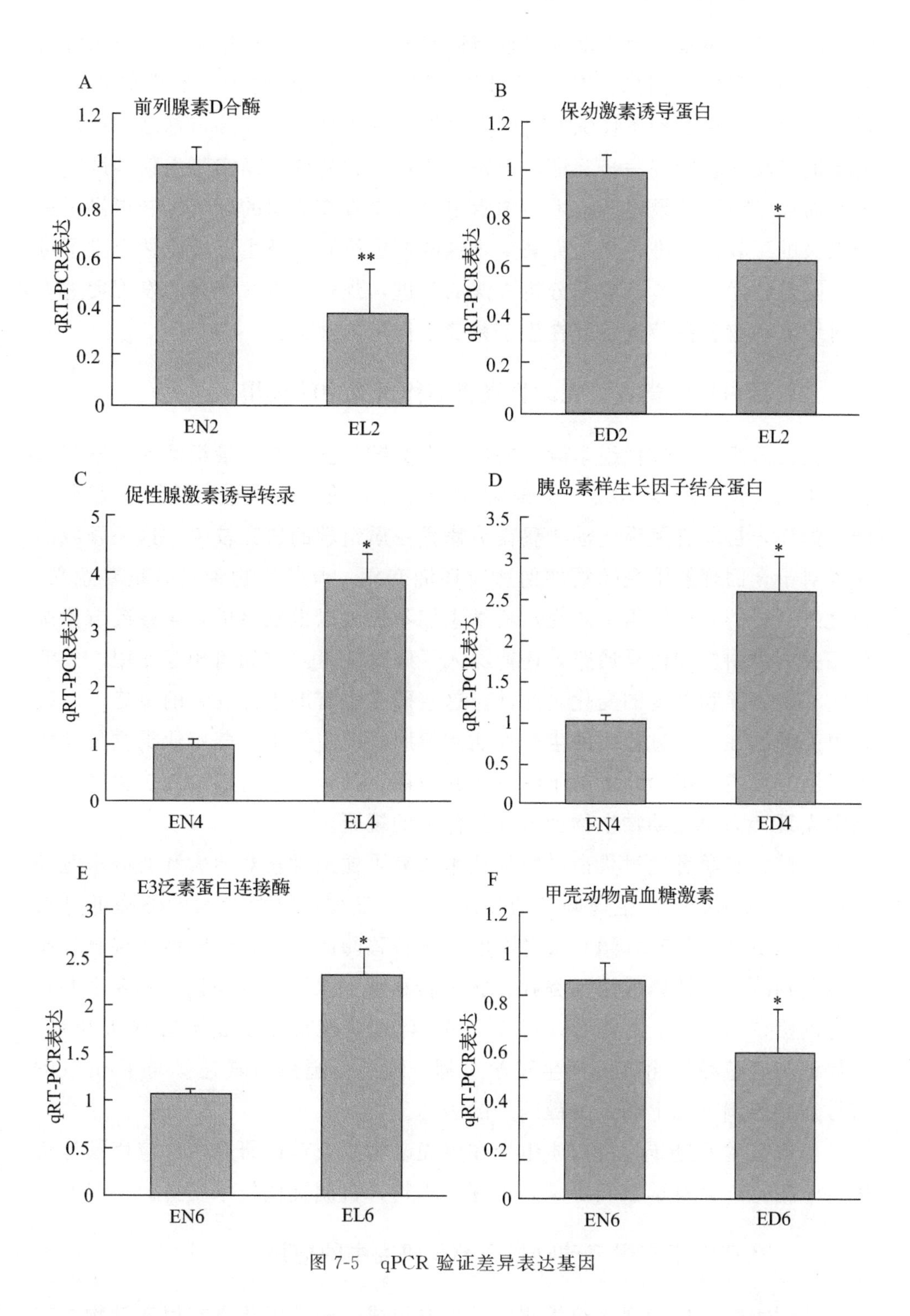

图 7-5　qPCR 验证差异表达基因

尽管转录组学在甲壳动物昼夜节律研究中取得了重要进展，但仍面临着一些挑战和限制。例如，对于不同种类甲壳动物的生物钟机制可能存在差异，需要更多种类和更详细的时间点数据来深入理解。此外，基因表达数据需要通过功能实验进一步验证，以确保所观察到的变化确实与生物钟调节相关。总的来说，转录组学技术为揭示甲壳动物昼夜节律的分子机制提供了一个强大的工具，为进一步探究其生物钟的调控机制以及生态适应性提供了可能。随着技术的进步和数据分析方法的改进，预计将会有更多的发现促进人类对甲壳动物昼夜节律及其在生态系统中作用的理解。

二、蛋白质组学在甲壳动物昼夜节律研究中的应用

蛋白质组学，现代组学测序的另一个关键分支，与转录组学专注于基因表达不同，蛋白质组学致力于直接研究蛋白质的表达水平、修饰状态和功能。然而，目前有关甲壳动物昼夜节律蛋白质组学的研究较少。这一领域的探索对于全面理解甲壳动物如何适应环境变化、调节生物钟具有重要意义。通过进一步的蛋白质组学研究，科学家们不仅可以识别出更多与昼夜节律调控相关的蛋白质和信号通路，还能深入了解这些蛋白质如何相互作用，如何响应环境光照和温度的变化。此外，这些研究也有助于开发新的策略，以改善甲壳动物在养殖过程中的生长性能和健康状况，为水产养殖业提供科学依据。随着蛋白质组学技术的不断进步和应用，预计未来将揭示更多关键的生物学发现，为甲壳动物生物钟研究开辟新的视野。

目前，有学者通过蛋白质组学技术探究了褪黑激素对澳大利亚淡水龙虾（*Cherax destructor*）生理调节的作用。研究发现，褪黑激素能够降低过氧化氢、丙氨酸氨基转移酶和天冬氨酸氨基转移酶的水平，同时增加谷胱甘肽过氧化物酶、酸性磷酸酶和谷胱甘肽S-转移酶的水平。共识别出608个差异表达的蛋白（418个上调和190个下调），这些蛋白主要富集在先天免疫、糖代谢和氨基酸代谢等关键生物学过程。此外，褪黑激素还参与了mTOR信号通路的调节，上调了关键因子的表达。

随着技术的进步，蛋白质组学在甲壳动物昼夜节律研究中的应用预计将进一步拓宽，为科学家们更深入地理解生物钟机制提供技术支持。

三、代谢组学在甲壳动物昼夜节律研究中的应用

代谢组学，作为现代组学测序的重要组成部分，近年来在甲壳动物昼夜

节律研究中展现出独特的应用价值。这项技术通过追踪不同时间段内甲壳动物体内代谢物的变化，揭示了生物钟如何影响其代谢路径，以及这些变化如何进一步影响到生物的生理状态和行为模式。

代谢组学在甲壳动物昼夜节律研究中的应用逐渐显现其重要价值。笔者分析了中华绒螯蟹在一天中不同时间点的肝胰腺组织代谢组。具体方法是分别在06:00、12:00、18:00和24:00四个时间点随机收集20只中华绒螯蟹的肝胰脏样本100mg（±2%），并将其置于2mL EP管中。然后加入1mL组织提取液和3个钢珠，并在高速组织研磨机中以55Hz运行60秒，重复两次。室温下，超声30min，再放置冰上30min，4℃离心10min（10000r/min），取上清共650μL放入另一2mL离心管中。真空下浓缩至干燥，用200μL 2-氯苯丙氨酸（4μg/mL）在50%乙腈溶液中溶解。上清液经0.22μm膜过滤后得到样品，样品用于进行液相色谱-质谱（LC-MS）。色谱分离在Thermo高效液相色谱仪中完成，使用ACQUITY UPLC（150×2.1mm，1.8μm，Waters）色谱柱，保持在40℃。自动进样器保持在8℃。用0.1%甲酸水溶液和0.1%甲酸乙腈溶液梯度洗脱分析物，流速为0.25mL/min。平衡后各进样2μL。电喷雾串联质谱实验在Thermo Q Exactive HF-X质谱仪上进行。数据相关的采集MS/MS实验采用高能碰撞解离系统扫描。

每次扫描得到一个质谱，选择每个质谱中最强的离子进行连续描绘，得到基峰色谱图。QC样品聚类，重复性好，表明系统稳定（图7-6）。

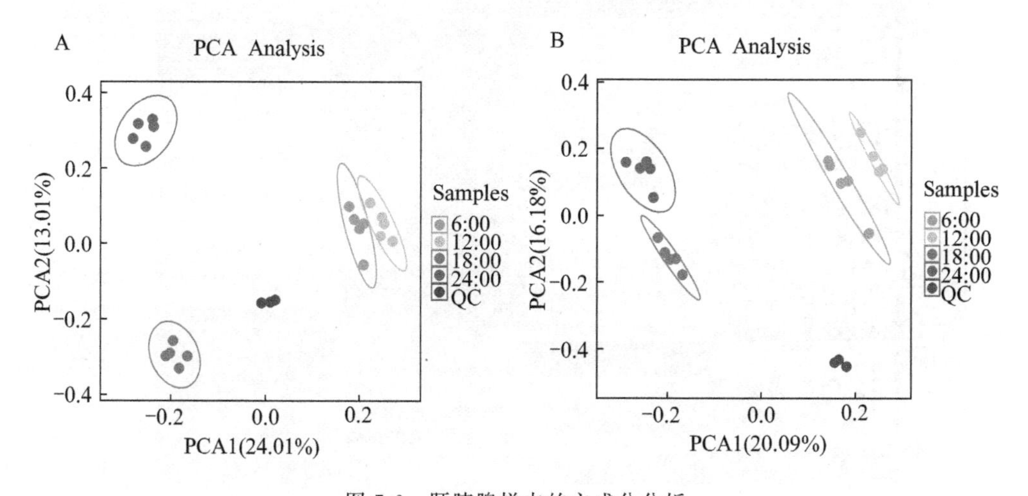

图7-6　肝胰腺样本的主成分分析

（A）阳离子的MS筛选模式；（B）阴离子的MS筛选模式

通过层次聚类分析，肝胰腺样本在24h内的4个不同时间点均含有丰富的代谢物（图7-7）。将12:00、18:00、24:00采集的样品与06:00采集的样品进行比较。主成分分析的PCA评分图显示，12:00、18:00、24:00三个时间点的肝胰腺样本存在一定程度的离散，这可能意味着各时间点的肝胰腺代谢物存在差异。比较OPLS-DA模式下不同时间点的评分图可见，OPLS-DA模型的相关验证参数拟合优度（R2）和预测优度（Q2）均为>0.5，表明OPLS-DA模型拟合良好。PCA和OPLS-DA模型均表明，在不同时间点

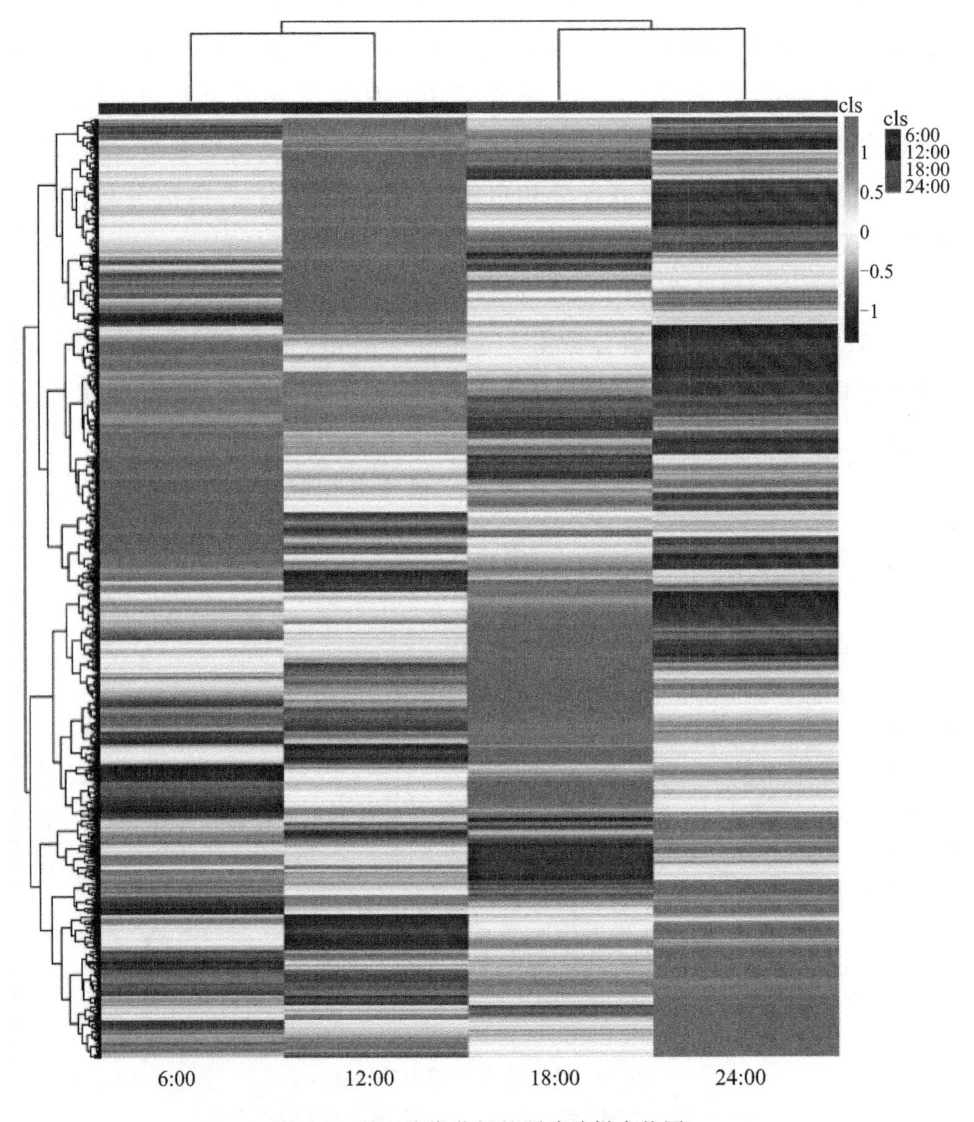

图7-7 基于聚类分析的肝胰腺样本热图

(06:00、12:00、18:00和24:00)采集的样品中，肝胰腺的代谢产物存在显著差异。

本研究鉴定出差异显著的代谢物共431个。其中32.019%的差异代谢物被鉴定为脂类。此外，在肝胰腺中鉴定出的不同代谢产物中氨基酸占16.705%，核苷酸占总代谢物的9.281%，碳水化合物占5.568%。

为了研究中华绒螯蟹在24h周期内肝胰腺的不同代谢物，我们将12:00、18:00、24:00采集的样本与06:00采集的样本（对照组）进行组间比较。所有的分析都是使用正负离子模式数据进行的。与06:00相比，12:00的野靛黄素、木犀草素、索他洛尔、氯霉素和1-花生四烯醇甘油上调，而18:00和24:00的神经酸、尿苷二磷酸葡萄糖和半乳糖鞘氨醇上调。

通过对不同时间点鉴定到的差异代谢物进行功能富集分析，我们发现中华绒螯蟹的免疫和消化代谢在日节律下受到影响。一些差异代谢物富集于与昼夜节律相关的关键通路，如昼夜夹带和光信号转导。另外，在06:00和12:00的肝胰腺差异代谢物分析显示，肠免疫网络生成IgA和前列腺素是影响最大的代谢通路，影响因子均为0.5。在肠免疫网络生成IgA通路中，我们鉴定出9-cis-维甲酸，而在前列腺素通路中，我们鉴定出前列腺素H2。在06:00组对比18:00组和06:00组对比24:00组中，肠道免疫网络产生IgA通路的影响因子均为最高。24h昼夜循环对中华绒螯蟹食物消化吸收的影响显示，在6:00收集的肝胰腺代谢物与其他3个时间点的比较中，蛋白质消化吸收、维生素消化吸收和矿物质吸收是差异代谢物显著富集的途径。而碳水化合物消化吸收途径仅出现在06:00组与18:00组的比较中。

这一发现对于理解甲壳动物如何适应环境变化提供了新的视角，有助于推动甲壳动物水产养殖业的发展。通过深入研究甲壳动物的代谢适应机制，不仅可以优化养殖条件，提高生产效率，还可以增强甲壳动物的抗病能力，提升其经济价值。

尽管目前在这一领域的研究还处于初期阶段，但代谢组学的应用已经为理解甲壳动物昼夜节律的复杂机制提供了新的视角，并有望为甲壳动物的养殖管理和疾病防控提供新的策略。

四、微生物组学在甲壳动物昼夜节律研究中的应用

微生物组学在甲壳动物昼夜节律研究中的应用是一个新兴领域，主要关注微生物群落的变化与宿主的生物钟相互作用。通过分析甲壳动物肠道或其他组织的微生物组成变化，研究人员开始揭示微生物如何参与调节宿主的生理和代谢过程，特别是在昼夜节律方面。这些研究显示，甲壳动物体内的微生物群落组成可能随着昼夜变化而变化，进而影响甲壳动物的健康、生长发育以及应对环境变化的能力（详见第六章）。

第四节 如何有效应用现代组学技术设计昼夜节律实验

一、实验设计

在收集关于昼夜节律过程的大规模数据之前，应该仔细考虑收集这些数据是为了回答哪些问题。例如，如果实验的目的是想发现或找出可能存在的昼夜节律模式，然后再进一步确认，那么实验设计就可以不用那么复杂。这与想要全面识别所有节律特征，并且准确测定它们的波形、相位和幅度的研究相比，要求没那么严格。目前研究生物节律的实验设计通常遵循一种基于发现的方法，即先进行发现然后进行验证。这种方法不仅是因为它符合生物节律研究的常用模式，而且因为它能够揭示实验设计的关键原则。通过这种策略，研究者可以先识别和发现潜在的生物节律现象，然后通过后续的验证实验来深化对这些现象的理解。这样的实验设计思路有助于确保研究过程既系统又具有针对性，使科学家们能够有效地探索和阐明生物节律的复杂机制。

（一）测序方法的选取

需要注意的是，即使是非常相近的实验方法，也会对实验的设计产生重要影响。如 RNA 测序（RNA-seq）和全基因组表达谱分析（microarray），RNA-seq 和 microarray 都用于检测基因表达水平，但 RNA-seq 是通过测序 RNA 分子来直接读取 RNA 序列，而 microarray 是通过将 RNA 样本与预先设计的探针杂交来检测基因表达；染色质免疫沉淀测序（ChIP-seq）与 AT-AC-seq（Accessible Chromatin with high-throughput sequencing），ChIP-seq

用于发现特定蛋白质（如转录因子）绑定 DNA 的位置，而 ATAC-seq 用于鉴定染色质的可及性区域，这一区域 DNA 呈开放状态，容易成为核酸酶的靶标位点；单细胞 RNA 测序（scRNA-seq）与单细胞 ATAC 测序（scATAC-seq），scRNA-seq 用于研究单个细胞的基因表达水平，而 scATAC-seq 用于研究单个细胞的染色质可及性；质谱（Mass Spectrometry）与蛋白质组学（Proteomics），质谱是蛋白质组学研究中常用的技术，用于鉴定和定量蛋白质，而蛋白质组学的研究领域更广泛，涵盖蛋白质的表达、功能和相互作用。

（二）实验时长

由于昼夜节律的研究依赖于重复的生物过程，因此为了准确检测节律性，越来越多的学者们建议在恒定条件下收集至少三个完整周期（即 72h）的数据。这一建议背后的指导原则是，当识别节律过程时，希望至少观察到峰值和谷值重复二次。根据模拟研究，如果时间序列数据中包含的周期少于三个，结果可能会对异常值过于敏感，且假阴性的风险显著增加。然而，值得注意的是，在某些特定的条件下，超过一个昼夜周期的数据采集往往具有挑战性。如某些小型动物、昆虫或植物的生命周期较短，这使得跨越多个昼夜周期的实验设计变得困难；长时间保持特定的实验条件（如温度、光照、湿度等），可能难以实现持续多日的稳定控制；长时间的实验可能导致生物样本降解或表达模式发生改变，尤其是在细胞或组织水平的研究中；长时间的观察可能涉及动物福利和伦理问题，特别是当实验条件可能对动物造成压力或不适时。在这种情况下，增加实验的重复次数可以部分抵消时间序列较短带来的不足。因此，在设计实验时，研究者应综合考虑周期长度和重复次数，以确保数据的可靠性和代表性。

（三）实验目的

当实验的目的是确定生物体是否存在昼夜节律时，重要的是要在恒定的环境条件下隔离实验生物体，以确保内部时钟的独立性。对于非光合生物，这通常意味着在恒定黑暗（DD）条件下进行，而光合作用生物则常在恒定光照（LL）条件下研究，以避免外部光周期的干扰。此外，对于人类等高等生物体，保持一致的生活习惯，如规律的进餐、运动和睡眠时间，是研究内在节律性的关键。实验设计应考虑到外部刺激，如光照和食物供给，对生物节律的影响。在许多情况下，节律可能会在去除外部刺激后逐渐衰减。因此，将适应环境的生物体转移到恒定条件后，建议连续几天进行样本采集，以监测节律性的持续性和稳定性。对于体外培养物，相关外源刺激应该在采样前 24h 停止，以减少对前期基因表达的影响。

在恒定的 DD 或 LL 条件下进行实验时，应注意昼夜周期长度可能发生变化，与标准的 24h 周期有所不同。例如，一个在 DD 条件下具有短周期（约 23.5h）的生物体，在 3 天后可能会比野生型对照早 1.5h 开始活动。因此，恒定条件下的实验设计应调整统计测试，以适应生物体实际的周期长度。在受控条件下［如光暗周期（LD）］，连续几天的实验可以视为在第一天收集的额外复制品，因为生物体的内部时钟每天都会根据外部光周期进行重置。在这种 LD 条件下寻找节律时，可以将两天或更多不连续的采集日视为独立的生物学复制品。这种设计在研究自然条件下的节律性而非昼夜节律控制的过程时可能更为有益，因为非连续的采集日可以减少批次效应，提高实验结果的准确性和可重复性。

（四）采样频率（间隔）

在 20 世纪 80 年代，由于技术限制，如 Northern Bolt 和 Western Bolt 的普遍应用，昼夜数据采集主要采用 4h 的采样频率。这种设计通常针对一些具有较高幅度变化的核心时钟基因或输出蛋白质，当时由于测试的实体数量较少，多重测试校正并不被视为必需。然而，随着技术的发展，特别是 RNase 保护分析和第一代微阵列技术的引入，这种 4h 间隔的采样设计开始显现出局限性。研究发现，这种采样密度在统计上不充分，导致第一代昼夜微阵列实验在循环基因检测上的重叠率显著不足。

基于对真实数据和合成数据的下采样模拟，以及对这些模拟数据进一步分析的研究，建议在研究昼夜节律时至少每 2h 进行一次样品采集。对于超昼夜节律研究，推荐使用更频繁的采样间隔。这些建议支持了采用更密集采样策略的必要性，以增加数据的统计力和实验的长期效用。尽管如此，科学家们也认识到，更密集的采样频率并非行业惯例，并且在特定情况下，相对较低的统计力可能仍具有研究价值，如与广泛的独立验证结合时、测试新技术，或使用昂贵技术筛选大量样本时。这些情况下的研究可能因为其独特的实验设置或目的而有其价值。总体而言，尽管存在时间和成本的权衡，建议研究人员应设计更多的独立采样点，以确保数据的有效性和实验的成本效益，使研究成果的长期价值最大化。

（五）生物学重复

在利用高通量测序技术研究昼夜节律的实验中，增加生物体的重复数从统计学角度上可以提高数据的可信性，但这类实验的高成本常常限制了在每个时间点进行高重复数测序的可行性。并且，在估计生物节律的相位或幅度方面，增加重复数不如提高采样的间隔和缩短采样周期有效。因此，在利用高通量测序技术研究昼夜节律时，选择合适的生物体重复数和时间间隔组合是一个需要权衡的决策。尤其是在转录组测序和肠道微生物组测序实验中，由于样本间变异性通常较大，确保每个时间点具有充足的生物学重复是十分有必要的。这种高变异性要求在实验设计中考虑生物学重复的数量，以确保数据的可靠性和统计结果的准确性。

（六）测序深度

在测序实验中，测序深度是一个关键参数，它直接影响实验的灵敏度和结果的可靠性。测序深度越高，能够检测到的基因表达水平和变异的精确度也越高，但相应地，成本也会增加。因此，确定适当的测序深度是实现科学研究和经济效益平衡的重要考虑因素。在确定测序深度时，除了考虑成本和预期精度外，还需要考虑研究目的和实验设计的具体要求。例如，对于旨在发现新基因或低丰度转录本的研究，更高的测序深度可能是必要的，以确保能够捕获到这些低表达的序列。而对于已知基因表达量较为稳定的研究对象，可能可以采用较低的测序深度。如对于果蝇 RNA-seq 研究，总 RNA 的模拟显示，每个样本需要约 1000 万读数，才能检测到超过 75%的真正的节律转录本，而对于哺乳动物研究，每个样本需要约 4000 万读数。

此外，测序深度的决定还应考虑数据分析的需求。例如，循环基因表达分析、变异检测或差异表达分析等复杂的生物信息学处理通常需要更高的测序深度来确保结果的统计显著性和生物学相关性。同时，测序深度的选择应基于综合考虑研究目标、预算限制、样本类型，以及预期的数据分析复杂度，通过与生物信息学专家和实验设计师的合作，来达到最佳的成本效益比。在这个过程中，可以参照现有的文献和行业标准，结合实验室的实际经验，来定制适合特定研究需求的测序策略。

（七）生物体组织的单一性

在应用高通量测序技术研究生物节律过程中，同一生物体的组织往往具有唯一性。这种唯一性往往会限制节律实验的开展，如从同一只河蟹或虾中多次收集眼柄数据的不可行性。在可能的情况下，连续从同一生物体采集数据具有诸多优点：①有助于控制内在生物学变异，每个个体可能因基因型、表型、环境适应等因素而不同，通过在相同个体上重复测量，可以减少这些变异源对结果的影响；②生物节律研究关注的是时间相关的变化，在同一生物体上连续测量可以确保观察到的变化是时间驱动的，而不是由个体差异引起的；③从同一生物体连续采集数据提供了一个连续的数据集，这有助于追踪和分析时间序列中的模式和趋势，从而提高数据分析的可靠性；④在控制条件下，连续采集同一生物体的数据可以减少外部环境变化的干扰，使得数据更加精确地反映生物体内部的节律变化；⑤在同一生物体上进行多次测量可以提高统计功效，即增加准确检测到效应的可能性；这是因为多次观察减少了误差的影响，并且提供了更多的数据点来支持统计推断；⑥连续数据使得可以使用更复杂的统计模型来分析时间序列，例如使用混合效应模型或时间序列分析方法，这些方法可以更精确地估计周期性参数，如频率、幅度和相位；⑦连续采集同一生物体的数据能够揭示微妙的生物过程和模式，这是在分析个体间的数据时可能无法检测到；⑧这种方法使研究者能够实时跟踪生物体的生理和分子过程的动态变化，更深入地理解生物节律的内部机制和调控过程。

总之，从同一生物体连续采集数据的方法为生物节律研究提供了一个统计上理想的框架，它有助于减少研究中的变异性，提高数据的可靠性和准确性，并增强统计分析的有效性。这种方法为深入理解生物节律机制提供了重要的支持。但当这不可行时，建议收集尽可能多的个体样本（例如，至少5个相同性别的个体），以减少解剖结构和个体间的变异。研究表明，性别差异在昼夜节律的多个方面（如运动活动、睡眠和分子节律）中均存在，因此，研究昼夜节律中个体的内在变异性可能带来新的发现。随着测序技术的进步，如新一代测序机器的多重化能力增强，并且对测序深度的要求降低，针对个体的节律基因表达分析（每个时间点3～5个个体）可能会成为一个具有成本效益的选择。

二、数据统计

高通量测序会产生大量的数据，而在生成大规模数据集后，需要经过严格的预处理和质量控制，才能进行有效的统计分析。以下三个步骤对于确保数据的质量和一致性至关重要。

（一）数据质量检查

首先检查原始读数和质量得分，确保它们在适当范围内，这是评估测序数据质量的基础；检测到的唯一和非唯一读数的数量应符合预期，这反映了实验的覆盖率和深度；进行核糖体、线粒体、叶绿体或其他潜在污染序列的检查，以排除实验中的非目标 DNA 或 RNA 污染。

（二）数据归一化和量化

为了比较不同样本或条件下的表达量，需要对数据进行归一化处理，消除实验过程中的偏差；在归一化后，应检查任何内部对照（如已知的昼夜节律基因）是否与以往研究结果一致，以验证实验的准确性；对于 RNA-seq 实验，考虑到细胞内 RNA 总量可能随时间变化的特殊情况，需要选择合适的方法归一化表达数据。

（三）数据格式化和准备

数据可能需要根据所选统计方法的输入要求进行格式化，例如，在进行统计分析之前对 RNA-seq 数据中的每百万转录本值进行对数转换，以满足特定分析方法的需求。

在处理大数据集中的节律性检测和参数估计时，可以使用多种高质量的统计方法。然而，随着数据规模的增大，尤其在蛋白质组学和代谢组学领域，虽然测量数量可能受到技术限制，进行成千上万的数据比较却是常态。这种大规模的数据分析带来了特定的统计挑战。在大规模数据分析中，即使是极不可能的模式也可能因为大量的测量次数而显得统计上显著。因此，必须考虑到实验的规模和统计检验的数量，以防止错误地将随机模式解释为显著发现。这需要采用适当的统计方法来调整多重比较带来的误差，确保结果的可靠性和科学性。在通过组学测序结果展示新发现时，研究者必须谨慎考虑实验的规模对统计检验结果的影响，以及如何在解释这些结果时考虑到这种规模效应。

三、数据的统计方法

在生物节律研究中，有多种统计方法被开发用于检测和分析节律性，每种方法都针对特定的数据特征和分析需求。以下是一些主要方法的简要总结，以及它们的优缺点分析。

(一) 基于曲线拟合的方法

COSOPT（Comparative Signal Optimization Technique）是一种基于曲线拟合的方法，用于检测和分析时间序列数据中的周期性。通过拟合一系列预定义的余弦波形到时间序列数据上，来寻找最佳匹配的周期性信号。它可以计算出每种拟合波形的显著性，通常使用 P 值来表示，以评估周期信号的统计显著性。它主要应用在处理基因表达数据时。优点包括 COSOPT 的结果易于理解，提供了直观的周期性信号表示；在某些情况下，尤其是当数据较为清晰且周期性明显时，COSOPT 可以有效地识别和分析节律性。缺点包括可能在面对大数据集或数据噪声较大时表现不足，其统计功率可能不足以检测微弱的周期性信号；对于大规模数据集，COSOPT 的计算过程可能较慢，影响效率。

Lomb-Scargle 周期图是一种基于傅立叶变换的方法，通过将时间序列数据转换为频率域，来检测和分析其中的周期性成分。它可以处理不均匀采样的数据，这在天文学和生物学领域非常常见，因为观测或实验数据往往不可能在完全等间隔的时间点上收集，常应用在处理不均匀采样的时间序列数据。优点包括能够有效处理不均匀采样的数据，为这类数据的周期性分析提供了强有力的工具；适用于各种类型的时间序列数据，能够处理和分析各种不同的周期性信号。缺点包括虽然很受欢迎，但 Lomb-Scargle 方法在可以检测的周期长度方面存在一定的限制，尤其是对于非常短或非常长的周期；对于大规模数据集，计算过程可能相对复杂和耗时。

(二) 基于统计学方法

ARSER（Autoregressive Spectral Estimation Routine）是一种用于分析时间序列数据中的节律性的方法。其工作原理是通过使用自回归模型来估计时间序列的频谱密度，进而检测数据中的周期性成分。它能够识别和量化生物节律数据中的周期性信号，尤其适合连续采集的数据。优点包括能够有效地处理连续采样的数据，适合于复杂的生物节律分析；它对连续数据的处理能力使其在某些生物节律研究中成为一个有力的工具。缺点包括不直接考虑数据中的重复测量，这可能影响其在某些实验设计中的适用性；处理含有缺失数据的时间序列时，ARSER 的性能可能受到限制。

JTK _ Cycle 是一种统计方法，用于分析时间序列数据中的节律性。其工作原理是结合了 Jonckheere-Terpstra 测试和 Kendall's Tau 测试，用于识别和分析周期性模式。它适用于大规模数据集，并且在计算效率方面表现优异。优点包括在处理大规模数据集时，JTK _ Cycle 能够快速进行计算，使其在高通量数据分析中特别有用；已被广泛应用于各种生物节律研究，包括基因表达和代谢活动的周期性分析。缺点包括对于采样间隔较长（如每 4h 采样一次）的数据，JTK _ Cycle 在相位估计上可能不够准确。

CircWaveBatch 是用于分析生物节律的统计软件，用于处理时间序列数据的周期性分析。其工作原理是使用基于傅立叶变换或其他数学模型的方法来分析时间序列数据中的节律性。它可以处理不同类型的节律数据，包括生物节律和环境节律。优点包括专门针对节律性分析进行优化，适用于生物节律研究；能够适应不同的实验设计和数据类型。缺点在于主要聚焦于周期性分析，可能缺少一些综合性数据分析平台提供的额外功能，如高级统计分析、数据可视化或集成多种数据类型的能力。

（三）基于模型的方法

eJTK（extended Jonckheere-Terpstra-Kendall）是由 Hutchison 等人于 2015 年开发的一种统计方法，用于分析时间序列数据中的节律性。eJTK 是 JTK _ Cycle 方法的扩展版本，增强了处理重复数据的能力，并改进了对复杂节律模式的分析。它通过组合 Jonckheere-Terpstra 测试和 Kendall's Tau 秩相关测试来检测和量化时间序列数据中的周期性变化。优点包括 eJTK 对于重复测量的数据有更好的处理能力，能够更有效地分析和整合实验中的重复信息；eJTK 能够适应更复杂的节律模式，包括不规则周期和非正弦波形，增强了分析的灵活性和适用范围。缺点包括 eJTK 对数据的质量和完整性有较高的要求，如果数据存在大量的缺失值或噪声过高，可能会影响其分析结果的准确性和可靠性；由于 eJTK 采用了更复杂的统计模型来分析数据，它可能需要比较多的计算资源和时间，尤其是在处理大规模数据集时。

ABSR（Adaptive Background Signal Regression）是由 Ren 等人于 2016 年开发的方法，专门用于分析生物节律数据，特别是针对具有复杂背景噪声和周期性信号的数据集。ABSR 利用适应性背景信号回归模型来识别和分析时间序列数据中的节律性，能够适应不同类型的周期性波动。它通过调整模型来拟合数据的背景噪声，从而更准确地提取出节律信号。优点包括ABSR针对生物节律数据的特点进行了优化，特别适合处理那些背景噪声复杂或周期性不明显的数据；适合复杂周期分析，该方法能够识别和分析复杂的节律模式，包括超昼夜节律和其他非24h的周期性变化。缺点包括ABSR方法使用的适应性背景信号回归模型较为复杂，可能需要较高的计算资源和较长的处理时间，特别是在处理大规模数据集时；ABSR的性能在很大程度上依赖于数据的质量和结构。如果数据质量差或者周期性信号不明显，可能会影响模型的准确性和效果；ABSR模型可能需要细致的参数调整才能达到最佳性能，这要求用户对方法和数据特性有较深的理解。

四、合成数据用于基准测试

在大数据集中识别生物节律的复杂过程中，测试不同分析流程的统计功效成为了一个关键步骤。为此，开发了CircaInSilico这样的工具，使研究者能够生成模拟的昼夜节律实验数据，并评估不同方法的效果。CircaInSilico是一个用户友好的在线平台，它允许研究人员生成模拟的节律实验数据，以评估统计方法的效力。用户可以自定义多个参数，包括数据收集的持续时间、时间序列总数、每个时间点的重复次数、采样频率、是否包含异常值，以及实际显示节律性的时间序列比例。

生成的数据模拟了实验条件下的昼夜节律，包括高斯白噪声叠加来反映技术和生物变异。节律转录本的相位、周期长度和振幅根据用户设定参数在一定范围内均匀分布，使得模拟数据接近实际实验条件。CircaInSilico提供了一个实证基础，使研究人员能够系统地评估和比较不同分析流程的统计效力。但它不能模拟更复杂的情况，如批处理效应、非均匀相位分布、趋势变化（“红噪声”），或非对称节律形状（如脉冲波形）。

在向要求对使用的脊椎动物数量进行合理控制的资助机构提出实验方案时，模拟统计功效尤为重要。如果调查人员能够估计例如基因、代谢物或蛋白质表达测量中的动物间方差等参数，他们就可以模拟预期的数据，而无需在实验中浪费时间或金钱。从这些模拟中，可以预测一系列不同实验设计的假阴性和假发现率，并确定最佳数量的脊椎动物。

五、组学数据的分享

在发表学术论文的过程中，为确保研究的可复制性，要求作者必须详细描述所有方法学细节并上传数据，尤其是在涉及基因组学的实验中。以下是确保科学工作透明度和可复制性的关键要点。

发表的研究应详细记录实验的所有方面，包括输入样本的质量和完整性指标，例如 RNA 的 RIN 数值，以便其他科学家可以准确复制结果。

大规模数据集，特别是生物节律研究中的数据，必须存储在适当的公共数据库中，以便于同行评审和公众访问。推荐的存储位置包括 NCBI 的 GEO 数据库、序列读取归档（SRA）、欧洲生物信息学研究所（EMBLEBI）的 PRoteomics IDEntifications（PRIDE）数据库，以及 MetaboLights 或代谢组学工作台等专门的代谢组学数据库。

在论文被接收后，所有数据应公开，提供包括原始数据、计算的 P 值和 Q 值的 csv 文件，以方便最终用户使用。国际计算生物学学会等组织强调，开放数据共享在现代生物学研究中至关重要，应适当引用和致谢存档数据集。

作者应将定制的分析方法上传至在线存储库，如 BitBucket、GitHub 或 Sourceforge，这不仅有助于提高透明度，还能促进时间生物领域的合作和创新。生物钟研究的特定数据集可以存储在专门的平台如 CircadiOmics 中，以便于专业研究和跨学科合作。

通过遵循这些实践，研究者不仅可以提高其工作的透明度和可靠性，还可以促进科学知识的共享和推广，加速科学发现的过程。这些做法确保了研究的可复制性和持续的科学进步。

第五节　昼夜节律研究的未来发展

一、跨学科研究的重要性

昼夜节律研究是一个高度综合性的领域，其重要性跨越了多个学科界限。这些内部时钟的调控影响着从单细胞生物到复杂生物体的健康和疾病状态，及其在环境中的适应性。随着科学技术的发展，昼夜节律研究已经不再局限于生物学和医学领域，还扩展到了心理学、环境科学、计算模型和社会科学等领域。跨学科的合作为科研工作者提供了一个全面理解和利用生物钟潜力的平台，不仅推动了基础科学的进步，还促进了对许多健康和疾病问题的实际应用。因此，跨学科研究在昼夜节律领域的重要性不仅体现在科学知识的累积上，更关乎其对社会和环境可持续发展的贡献。

（一）与心理学的交叉

昼夜节律与心理学的交叉主要体现在研究生物钟如何影响人类的认知、情绪和行为。心理健康问题，如抑郁症、焦虑症和季节性情感障碍，都与人体内部时钟的失调有关。例如，通过对不同地区和年龄段的人群进行调查研究，发现夜晚型昼夜节律类型（习惯晚睡晚起）与抑郁症状呈现相关性。来自澳大利亚、韩国和美国的研究指出，夜晚型昼夜节律类型与抑郁有关，尤其是青少年群体中更为显著。此外，夜晚型昼夜节律类型还与焦虑水平较高的青少年相关联，尽管不同研究结果存在一定的差异性，但整体趋势显示了这种昼夜节律类型对情绪状态的影响。这些研究结果提示着睡眠质量和昼夜节律在青少年认知和情绪发展中扮演着重要角色，对于青少年抑郁症状和焦虑情绪的干预具有重要意义。而对于老年人而言，慢性病种数、体力活动、养生知识等因素对老年人的昼夜节律和健康状态产生显著影响，但抑郁程度与生物节律呈负相关，表明生物节律良好的老年人更少出现抑郁症状。

职业对人的生物节律和心理学相关参数也会产生重要影响。不同职业所需的工作时间安排、工作环境以及工作内容都可能对个体的生物钟和心理状态产生影响。举例来说，倒班工作者常常需要在夜间工作，这可能导致他们的生物节律被打乱，进而影响睡眠质量和情绪稳定性。长期倒班工作可能引发失眠、过度嗜眠等睡眠问题，对工作者的身心健康产生负面影响，同时影响日常家庭生活和社交活动，降低生活质量。此外，倒班也带来经济和社会负担，因为倒班者更容易出现工作失误和事故，这在医疗等领域尤为突出。长期倒班制度甚至可能导致某些职业人员流失严重，对社会稳定和发展构成潜在威胁。因此，倒班问题涉及睡眠卫生、心理病理和职业健康等多个领域，需要引起更多关注和研究。因此，职业不仅影响到个体的生活方式和工作状态，也在一定程度上塑造了他们的生物节律和心理学特征。而与人接触较多的职业，如医护人员或教师，可能面临更高的心理压力和情绪波动，这也会对他们的心理健康产生影响。心理学研究已经开始利用昼夜节律的知识来探索这些疾病的潜在机制，以及如何通过调整睡眠模式、光照暴露和生活习惯来改善心理健康。这种跨学科的研究不仅加深了人类对心理疾病的理解，也促进了更有效的治疗方法的发展。

（二）与环境科学的交叉

在环境科学领域，昼夜节律研究关注生物体如何调整其生物钟以适应环境变化，包括季节变动、光周期变化和气候变暖等。在当代生活中，人体暴露于日益增加的环境干扰中，尤其是光污染（例如轮班工作、夜间人工照明、蓝光屏幕暴露）和内分泌干扰化学物质（在食物、空气、水、塑料、家庭用品、药品中），这可能对调节生物节律的光神经内分泌途径产生有害影响。有些研究表明，在夜晚的短暂光暴露可以引发 SCN 时钟的相位移动，而持续暴露于光线可能导致 SCN 时钟的失同步，这些改变都会导致下游生物功能的改变。越来越多的研究也报告了内分泌干扰化学物质对甲状腺激素和性激素的影响，一项研究跟踪了来自 35 个欧洲国家的 54734 名男性，发现轮班工作，而不是固定班次工作，影响了男性的生育率。此外，晚上接触电子设备屏幕（智能手机、平板电脑或电视）的光线与精子活力和浓度的下降相关。因此，环境相关的光污染和内分泌干扰化学物质对生物节律的影响成为了当前环境科学研究中的重要课题，需要进一步深入研究其对人类健康和生态系统的长期影响，以制定有效的环境保护和健康管理策略。

而对于动植物而言，它们的生理和行为活动如觅食、繁殖和休息等受到直接调节，这直接影响它们的生存和生长发育。然而，人类活动对环境的干扰日益加剧，包括城市化、工业化和农业活动，导致了许多动植物的生物钟受到了扰乱。例如，夜间人工照明和城市噪声会干扰夜间动物的觅食行为和休息时间，从而影响它们的生态适应能力。气候变暖也可能导致某些动植物的生物钟与季节性活动之间的失调，进而影响它们的迁徙、繁殖等生活策略。因此，对于环境科学而言，研究动植物的昼夜节律调节对于维护生态系统的稳定和保护至关重要。深入了解不同物种的生物钟调节机制，可以更好地制定保护措施，减轻人类活动对生物多样性和生态平衡的负面影响。同时，结合对人类昼夜节律的研究成果，可以全面评估环境因素对整个生态系统和人类健康的综合影响，为可持续发展提供科学依据和管理方案。通过研究植物和动物的节律行为，科学家可以深入了解生态系统中物种之间的相互作用和对环境压力的响应方式。此外，观察全球变化对生物节律的影响，还可以帮助环境科学家预测气候变化对生态系统和生物多样性的长期影响，这对于制定保护策略和适应环境变化至关重要。

（三）与计算机和工程学的交叉

昼夜节律与计算模型的结合为生物钟研究提供了新的视角和工具。计算模型可以通过数学模拟的方式，精确地模拟生物钟系统的动态行为。通过对生物钟内部元件之间相互作用的建模，科学家们可以更清晰地理解生物节律的复杂机制。例如，模型可以展示基因表达和蛋白质合成在不同时间点的变化规律，以及这些变化如何影响生物体的行为和代谢。更重要的是，计算模型的运用可以帮助科学家们预测调整生物钟可能产生的效果。通过对模型进行不同参数的调整和模拟实验，可以预测在不同环境条件下生物钟的调整过程和效果。这为我们提供了重要的指导，例如在医学上可以预测药物对生物钟的影响，或者在生活中可以设计更合理的作息安排以维持健康的生物节律。

此外，计算机大数据在节律研究中的重要性日益凸显。大数据技术能够收集、存储和分析庞大的生物节律数据，从而揭示出更深层次的规律和关联。通过对大数据的挖掘和分析，研究人员可以更准确地理解生物钟的运行机制、影响因素以及对健康和行为的影响。通过大数据分析技术，可以帮助研究人员收集和整合来自不同来源的生物节律数据，包括基因表达数据、生理指标数据、行为活动数据等。对于数据量庞大、多样化的数据，通过计算机科学的技术手段进行整合和分析，可以发现隐藏在数据背后的规律和模式。例如，基于大数据的分析可以揭示不同个体或群体在昼夜节律方面的差异，进而探究其背后的生物学机制和环境因素。

大数据可以实现对大规模样本的分析，覆盖广泛的生物节律变化，包括长时间跨度和多地区的数据收集，从而更全面地了解生物钟在不同环境和情境下的变化和适应能力。通过机器学习和人工智能算法来挖掘数据中的关联和趋势。通过对生物节律数据的深度学习和模式识别，可以发现生物钟与健康、行为等方面的潜在关联，为预防和治疗生物节律紊乱相关的健康问题提供新的思路和方法。

（四）与社会科学的交叉

昼夜节律与社会科学的交叉融合为我们提供了独特的视角，帮助我们更深入地理解人类行为和社会结构。社会科学关注人类在社会环境中的行为和互动，而昼夜节律作为一种生物学现象，对人类行为和社会结构有着深远影响。

研究表明，人的生物钟会影响他们的注意力、警觉性和反应速度，因此，对于需要高度专注和思考的工作或学习任务来说，选择在生物钟高峰期进行可能会更有效率。这种对工作和学习时间的优化可以帮助提高生产力和学习成效，对于社会经济发展和教育体系的优化具有重要意义。有趣的是，昼夜节律也与社会结构密切相关。城市照明、公共交通运营时间等都会受到生物节律的影响而进行调整。例如，城市中的照明设计可以考虑人们的生物钟，避免过强的光污染影响居民的生活节奏和健康。另外，对于一些特殊行业，如医疗、交通运输等，也需要根据生物节律合理安排工作时间和轮班制度，以确保工作效率和服务质量。

值得一提的是，昼夜节律对于社交活动和文化生活也有重要影响。人们的社交活动和娱乐偏好往往受到生物钟的调控。例如，夜间文化活动、娱乐场所的开放时间等都会因人们的生物节律而有所调整。这种调整不仅可以更好地满足人们的需求，也有助于创造更加活跃和有活力的社会文化环境。

二、潜在的临床和应用价值

昼夜节律研究潜在的临床和应用价值日益受到重视，因为它们在预防、诊断和治疗各种疾病中展现出巨大的潜力。从调整个体睡眠模式以改善心理健康，到开发新的药物治疗策略，再到优化工作和生活环境，昼夜节律研究为改善人类福祉提供了新的视角和方法。在这个基础上，探索昼夜节律在临床和实际应用中的作用，不仅有助于深化科学家们对生物时间学的理解，也促进了相关科学和技术的发展，为公共卫生和个人健康带来了革命性的影响。

三、技术的不断创新与发展

昼夜节律研究相关技术的不断创新与发展正在开辟新的科学前沿，深化人类对生物时间规律的理解，并推动这一领域朝着更高的应用价值迈进。随着先进的生物学、计算技术和工程学相互融合，研究人员能够更准确地监测、分析和调控生物体内的时钟机制。这些技术进步不仅为研究基础生物节律提供了强大的工具，也为治疗相关疾病、改善人类生活质量和优化工作效率开辟了新途径。因此，昼夜节律技术的创新与发展正在塑造未来科学研究的方向，并对社会的各个方面产生深远影响。

第八章

昼夜节律在虾蟹养殖中的应用

甲壳动物在全球生态和经济中扮演着不可或缺的角色，尤其是它们作为优质蛋白质来源的重要性。它们在食物链中的多样化角色和对人类经济的贡献凸显了其独特价值。通过提供高营养价值的食品，甲壳动物对全球食品供应和人类营养健康起到关键作用。因此，对甲壳动物的生态系统进行科学研究和实施可持续管理策略，不仅对生态保护至关重要，也对确保全球食品安全和提高人类健康水平具有深远意义。在这一背景下，探究昼夜节律在甲壳动物养殖中的应用，对于提高养殖效率、增强甲壳动物作为食物资源的质量和可持续性具有重要的实际价值。

本章将深入探讨如何利用甲壳动物昼夜节律特征进行高效水产养殖。包括如何利用昼夜节律知识的应用改善养殖环境，特别是在光照管理方面。适当的光照模式不仅能够促进甲壳动物的健康生长，还能提高养殖效率和产品质量。此外，本章还将探索昼夜节律在未来甲壳动物养殖中的潜在创新应用。这包括如何通过调节昼夜节律来应对气候变化和环境压力，以及如何利用这些知识来提升养殖业的可持续性。这些研究结果不仅有助于科研工作者更好地理解昼夜节律在甲壳动物养殖中的作用，也为养殖业提供了实用的指导。通过全面了解昼夜节律在甲壳动物养殖中的应用，养殖从业者可以更好地利用这一自然规律，实现养殖业的可持续发展。

第一节 昼夜节律在虾蟹生长管理中的应用

一、养殖虾蟹类对昼夜节律的自然生理需求

在虾蟹养殖过程中，如何考虑它们对昼夜节律的自然生理需求是至关重要的。虾蟹作为水生生物，其生理和行为活动密切受昼夜变化的影响。例如，它们的进食、活动和休息模式往往与光照周期紧密相关。过长或不适当的光照时间可能导致虾蟹的应激增加，从而影响它们的生长和健康。例如，持续的高强度光照可能会导致应激激素水平升高，影响虾蟹的食欲和代谢。相反，模拟自然的昼夜节律可以为虾蟹提供一个更加舒适和健康的养殖环境。适当的光照时长和强度可以促进虾蟹的正常生长，减少疾病发生，提高免疫力。例如，夜间的黑暗时期可以帮助虾蟹恢复体力，降低应激反应，为第二天的活动储备能量。在养殖环境中，适当的昼夜光照安排可以模拟自然环境，有助于维持它们的正常生理节律。这不仅有助于促进它们的健康成长，还能改善繁殖效率和免疫力。因此，了解并应用昼夜节律原则对于优化虾蟹养殖环境、提高养殖效益和维护动物福祉具有重要意义。

其次，动物伦理在虾蟹养殖中起着至关重要的作用。这意味着需要在养殖过程中尽量减少对虾蟹造成的压力和不适。例如，通过设置自然光照周期和提供适宜的遮蔽空间，可以减少虾蟹的应激反应，促进它们的健康成长。此外，适当的水质管理和定时喂食也是确保虾蟹福祉的重要措施。因此，通过全面理解和应用昼夜节律的知识，可以优化养殖环境，满足虾蟹类对昼夜节律的自然生理需求，同时确保虾蟹的福祉和养殖业的可持续发展。

二、昼夜节律研究对养殖虾蟹生长的调控

昼夜节律在调控养殖虾蟹的生长过程中起着至关重要的作用，因为这些内在的生物钟直接影响到它们的代谢率、饲料摄取、能量消耗和生长效率。理解并利用昼夜节律的原理可以帮助养殖者优化养殖环境，从而促进虾蟹的健康成长和提高产量。在养殖实践中，通过调整光照模式、饲喂时间和其他与昼夜节律相关的环境因素，可以显著影响虾蟹的生长速度和生长周期。因此，昼夜节律研究不仅增进了科学家们对甲壳动物生理生态的理解，也为养

殖行业提供了科学依据和技术支持，以实现更高效和可持续的养殖管理。这种基于昼夜节律调控的方法，为提升养殖产业的生产力和经济效益开辟了新的途径。

（一）昼夜节律对虾蟹的摄食行为影响

虾蟹的摄食行为受到昼夜节律的强烈影响。在自然环境中，虾蟹往往在白天寻找食物并摄食，而在夜晚更倾向于休息和减少摄食。这种行为模式与它们的生物钟和环境光照变化密切相关。在养殖环境中，合理模拟这一自然的昼夜节律可以促使虾蟹在白天更加活跃地摄食，从而提高饲料的利用率。

（二）昼夜节律对虾蟹的摄食行为影响

为了提高饲料利用率，养殖者可以根据虾蟹的摄食习惯和昼夜节律来安排饲料投放时间。在白天光照充足的时候，适时投放饲料可以促使虾蟹更积极地摄食，减少浪费。此外，根据虾蟹的饥饿程度和生长阶段来调整饲料投放量和频率也是有效的管理策略。通过合理的昼夜节律饲养管理，可以降低饲料成本，提高饲料的利用效率。

研究发现虾在光照时间段会更积极地寻找食物，因此，在对虾养殖车间，通过调整光周期模拟自然的日夜变化，养殖者可以增加虾的摄食频率和总摄食量，从而加速生长过程并提高整体产量。同时，通过在光照强度较高的白天进行饲喂，可以更好地利用虾蟹类的自然摄食习惯，提高饲料转化率并减少饲料浪费。适时的饲喂不仅符合它们的生物节律，也有助于维持养殖池中良好的水质条件，因为过多的剩余饲料可能导致水质恶化。

在一些商业化养殖项目中，通过精确控制光照条件和饲喂时间，养殖者成功地提高了虾蟹的生长速率和饲料效率。例如，通过在早晨和傍晚进行主要的饲喂，利用虾蟹的自然摄食高峰，养殖场能够显著提高饲料利用率和生产效益。使用自动饲喂系统根据昼夜节律控制饲料投放，在确保虾蟹按自然节律进食的同时，避免了人为错误和资源浪费，从而实现了养殖效率的最大化。

三、昼夜节律研究对养殖虾蟹繁殖和幼体发育调控

昼夜节律研究在养殖业中的应用逐渐受到重视，特别是对于虾蟹等甲壳动物养殖而言，理解和调控它们的生长周期成为提高养殖效率和产量的关

键。昼夜节律，作为控制生物生理和行为活动的内在时钟，对甲壳动物的繁殖和幼体发育代谢等生命过程有着深刻影响。通过精确掌握并调节这些动物的生物钟，可以优化养殖环境，从而促进其健康生长和提高生产效益。研究昼夜节律如何影响虾蟹的生理机能，不仅可以增进我们对这些生物行为的基本理解，还能为养殖业提供科学指导，以实现更可持续和高效的养殖管理。因此，昼夜节律研究在养殖虾蟹生长周期调控中扮演着至关重要的角色，它连接了基础生物学研究与实际应用，为现代水产养殖业的发展提供了新的思路和方法。

（一）对繁殖的调控

昼夜节律研究对于养殖虾蟹的繁殖具有重要的影响，因为它直接关联到这些生物的生殖周期和成功繁殖的可能性。在自然环境中，虾蟹的繁殖行为往往与季节性的昼夜变化紧密相关。例如，一些物种在春季较长的日照时期开始其繁殖周期，而其他物种可能在秋季较短的日照时期繁殖。这些周期性的繁殖模式与昼夜节律的变化有着不可分割的联系。而在养殖条件下，如何有效地模拟自然环境中的昼夜节律对虾蟹的繁殖行为和生产效益具有重要的应用价值。

例如，对于凡纳滨对虾，研究表明将光周期调整为模拟春季的长日照可以促进性成熟和提高繁殖率。通过人工控制光照时间，养殖者可以在全年任何时间诱导对虾繁殖，从而提高养殖效率和产量。对于中华绒螯蟹，研究发现结合温度和光周期的调控可以显著影响其繁殖周期。在养殖实践中，通过提高水温并模拟较长的日照时间，可以诱导这种蟹类进入繁殖季节，加速性成熟，增加产卵频率。这种方法使得养殖者能够更有效地管理繁殖周期，确保稳定的幼体供应。

昼夜节律通过影响虾蟹的内分泌系统，从而间接影响它们的生殖周期和行为。例如，日光的长度和强度可以影响激素水平，进而触发或抑制甲壳动物的性成熟过程。研究表明，适当的光照模式可以促进虾蟹的性腺发育，提高配对成功率和产卵量。此外，昼夜节律还可能影响虾蟹的配对行为和产卵习惯。例如，在特定的光照条件下，某些物种可能更倾向于在夜间进行交配和产卵。在养殖环境中，合理调节昼夜节律对提高繁殖效率至关重要。通过模拟自然的光照模式，养殖者可以诱导虾蟹进入繁殖状态，控制繁殖季节，甚至可以通过调整光照周期来加快生殖周期。例如，通过延长人工光照时间，可以模拟春季较长的白昼，诱导虾蟹提前进入繁殖状态。同样，通过减少光照时间，可以模拟秋季的短日照，从而延迟或抑制繁殖行为。

（二）对幼体孵化的调控

昼夜节律的调节也对虾蟹的孵化和幼体发育有重要影响。光照条件影响了幼体的生理状态、饲料摄取和生长速度，因此，掌握和利用这些条件对养殖成功至关重要。例如，凡纳滨对虾在接受适度光照条件下孵化的卵通常表现出更高的孵化率和更好的幼体质量。适度的光照模拟自然环境，有利于卵的正常发育和幼体的健康成长。对于中华绒螯蟹等蟹类，通过调节光周期可以优化幼体的成长条件。研究表明，在模拟自然昼夜变化的光周期下孵化和养殖的幼体，其生长速度和存活率更高。这种调控模拟了它们在自然环境中经历的光照模式，有助于促进幼体的正常发育和减少应激反应。

昼夜节律的调节不仅影响幼体的物理生长，还涉及其生理和行为的调整。适当的光照可以促进幼体的饲料摄取和能量利用效率，进而影响其生长速度和整体健康状态。孵化和幼体期的昼夜节律调控对虾蟹的长期健康和生产性能也有重要影响。良好的起始生长条件可以提高养殖虾蟹在后续成长阶段的表现，增加成年期的生产效率和经济收益。通过精确控制养殖环境中的光照条件，养殖者可以显著提高虾蟹幼体的孵化率和生长性能，从而优化整个养殖周期的产出。这种基于昼夜节律的管理策略为养殖行业提供了一种有效的手段来提高生产效率和可持续性。

四、昼夜节律研究对养殖虾蟹疫病防控的影响

昼夜节律研究在养殖虾蟹的疫病防控中扮演着关键角色，因为这些生物的生理和免疫反应受到内部生物钟的显著影响。理解并应用昼夜节律的原理，可以帮助养殖者优化管理策略，减少疾病的发生，并提高虾蟹对病原体的抵抗能力。生物钟对于调节生物体的免疫系统、应激反应和病原体防御机制至关重要。通过调整养殖环境中的光照模式和其他生物节律因素，可以改善虾蟹的健康状况和生存率。因此，昼夜节律研究不仅为养殖行业提供了深入理解生物防御机制的新视角，也为疫病管理和控制提供了创新的方法和策略，从而促进了可持续养殖的实现。

（一）疾病预防

管理昼夜节律在虾蟹健康和疾病预防方面扮演着至关重要的角色。通过

精确模拟自然环境中的光照变化，养殖者可以显著降低虾蟹在养殖环境中的应激水平。应激是引发多种疾病的主要因素之一，因此减轻应激对于提高虾蟹的整体健康状况至关重要。例如，适宜的昼夜光照循环可以增强虾蟹的免疫系统，从而提高它们对病原体的抵抗力。

如对封闭式对虾养殖车间设置模拟自然环境的光照周期，可以有效提高虾的免疫力，降低因应激导致的疾病发生，如白斑综合征病毒（WSSV）感染。调整光照周期不仅减少了虾的应激反应，还促进了健康的生理状态，从而提高疾病防御能力。同时，通过控制光照条件来模拟自然的昼夜节律，有助于保持虾蟹的正常生理和代谢功能，减少养殖环境中的应激源。这种管理方式帮助减轻了环境应激对养殖动物的影响，降低了如细菌性壳病等常见疾病的发生率。

科学的昼夜节律管理还有助于维护水质和环境稳定，从而间接减少疾病的发生和传播。例如，适当的光照可以控制藻类生长，从而防止水质恶化，这是许多水生动物疾病发生的主要原因。此外，通过减少化学药品的使用，自然的昼夜节律管理也有助于降低抗生素耐药性病原体的产生。因此，通过模拟自然的昼夜光照循环，不仅可以改善虾蟹的生活环境，还可以通过增强它们的自然抵抗力来预防疾病的发生。这种综合性的健康管理策略对于养殖业的可持续发展至关重要，它既保护了虾蟹的健康，也减少了养殖成本，同时为养殖业的环境友好性做出了贡献。

（二）早期诊断疾病

监测和早期诊断疾病在虾蟹养殖中极为关键。通过仔细监测虾蟹的行为和生理活动，养殖者可以及早发现潜在的健康问题。昼夜节律管理在这方面发挥着重要作用。例如，在健康的养殖环境中，虾蟹通常会展示出规律的行为模式，这与它们内在的昼夜节律紧密相关。任何显著的行为改变，如食欲减退、活动水平下降或行为异常，都可能是健康问题的早期指标。例如，如果养殖的虾在通常活跃的白天变得异常安静或隐藏，这可能表明它们正面临健康挑战。通过识别某些虾在夜间过度活跃或白天过度休息的行为模式，及时采取隔离和治疗措施，防止疾病在池塘中扩散。除了行为观察，昼夜节律的管理还涉及对生理指标的监测，如体色变化、呼吸频率或排泄物的变化。这些生理反应同样可以反映虾蟹的健康状况。这种方法不仅提高了养殖虾的整体健康状况，也减少了因疾病引起的经济损失。

（三）提高免疫力

此外，昼夜节律的调整还可以改善虾蟹的免疫系统功能，减少疾病发生。通过创建一个接近自然的光照环境，可以降低虾蟹的生理应激，从而提高它们的抵抗力。在自然条件下，虾蟹的生物钟与环境光照周期同步，这种同步调节了它们的免疫反应。在养殖环境中，通过精确控制光照周期，可以模拟这种自然节律，从而维持正常的免疫功能。光照管理不仅影响虾蟹的行为模式，还直接影响其生理过程，包括免疫反应。适宜的光照条件有助于维持稳定的激素水平和免疫细胞活性，提高对病原体的防御能力。例如，通过不同光周期的处理，研究了红螯螯虾生长、存活率、酶活性、体色和生长相关基因表达的影响。结果显示，18L/6D 光周期组的红螯螯虾仔虾存活率较高，生长表现较好，具有较强的抗氧化应激反应和免疫防御能力。此外，人工光周期也改变了红爪龙虾仔的体色。对于蟹类养殖，通过模拟其自然栖息地的光照模式，可以减少应激反应，促进健康的免疫系统发展。这种方法不仅提高了蟹类的生存率，还提高了整体养殖的成功率。

第二节　昼夜节律在虾蟹养殖成本管理中的应用

昼夜节律在虾蟹养殖成本管理中的应用体现了科学研究与经济效益的结合。通过精确控制昼夜节律条件，养殖者可以优化虾蟹的生长速度、提高饲料转化率和增强免疫力，从而直接影响到养殖的成本效率。合理的昼夜节律管理不仅减少了饲料浪费、能源消耗和疾病治疗的开支，还可以通过提高生产效率来增加养殖业的经济收益。因此，将昼夜节律研究应用于养殖成本管理，不仅是提升养殖业可持续性的科学方法，也是实现经济效益最大化的重要策略。这种方法论的应用，为养殖行业带来了创新的管理视角，为虾蟹养殖的经济与生态双重目标的实现提供了有效的途径。

（一）减少饲料浪费

在虾蟹养殖过程中，有效的饲养管理对于确保资源利用的效率和防止环境恶化至关重要。目前，在大多数虾蟹养殖场中，饲喂频率、次数和每公顷托盘数量主要基于生产者的经验和传统做法。这种方法往往没有考虑到虾的自然摄食行为和昼夜活动模式，导致饲料使用效率低下。未吃掉的饲料会在池塘底部积累，导致有机质增加，进而恶化水质和底质环境，这对虾的健康和生长产生负面影响。

昼夜节律对于养殖虾蟹的摄食活动和行为具有重要影响。研究表明，理解并利用凡纳滨对虾的昼夜活动模式对于确定有效的饲喂时间表是至关重要的。例如，如果虾在特定的时间段内更活跃地摄食，那么在这些时段进行饲喂可以提高饲料的利用率，并减少浪费。科学化的饲喂管理应基于对虾的摄食行为和昼夜节律的深入理解。通过调整饲喂策略以匹配虾的自然摄食模式，可以最大限度地减少饲料浪费，优化水质，促进虾的健康成长。此外，通过行为观察和监测，确定凡纳滨对虾的活动高峰期，并在这些时段安排饲喂，可以显著提高饲料的利用率并减少底质中有机物的积累。

（二）减少能源消耗

合理管理昼夜节律在养殖业中的应用不仅对于生物学和生态学方面至关重要，也在节约能源和降低运营成本方面发挥着显著作用。例如，通过在夜间降低光照强度或关闭光源，可以显著减少能源消耗，从而降低整个养殖系统的运行成本。这种节能策略对于长期养殖项目尤为重要，因为它可以帮助降低持续运营的经济压力，同时也符合可持续发展的目标。并且降低能源消耗也有助于减少养殖活动对环境的影响。减少能源使用意味着减少碳排放和其他环境污染，从而有助于减轻养殖业对生态系统的负担。在这个过程中，不仅降低了成本，还提高了养殖业的环境友好性。

（三）提高养殖密度

昼夜节律管理不仅可以影响虾蟹的摄食行为，还可以调整它们的活动模式。通过合理安排光照周期，可以避免虾蟹在夜间过度活跃，减少互相干扰和损伤的风险。这意味着养殖者可以更密集地养殖虾蟹，提高养殖密度，从而增加产量。

第三节　昼夜节律在虾蟹养殖自动化和智能化中的应用

随着养殖技术的进步，昼夜节律在虾蟹养殖自动化和智能化中的应用已成为提升养殖效率和精确性的关键因素。通过整合昼夜节律的知识与先进的自动化技术，如智能控制系统和实时监测设备，养殖者能够更精确地管理光照、温度、饲喂等关键环节，从而优化虾蟹的生长环境和生产过程。这种技术融合不仅使养殖活动更加高效和节能，而且通过实时数据分析和反馈，可以提高应对环境变化和养殖风险的能力。因此，昼夜节律在养殖自动化和智能化中的应用，代表了养殖行业向更高科技水平、更可持续发展方向迈进的重要一步。

（一）自动化光照控制与昼夜节律

自动化系统控制光照以模拟自然的昼夜节律是现代虾蟹养殖技术中的一大进步。通过精确控制光照时间和强度，养殖者能够创建一个接近自然环境的生长条件，从而优化虾蟹的生理状态和行为表现。利用自动化控制系统，可以设定光照的强度、持续时间和周期，确保与虾蟹的生物节律相协调。这包括在白天提供足够的光照以模拟自然阳光，并在夜间降低光照或完全暗化，以模仿自然夜晚环境。通过自动化系统可以精确地模拟自然环境的昼夜变化，如季节性日照变长或变短的模式，这有助于调节虾蟹的生理周期，包括繁殖、摄食和休息等。

在凡纳滨对虾的工厂化养殖车间中，使用自动化光控系统来调整日夜节律，这种调整可以显著提高对虾的生长速率和整体健康状况。在光照控制下，对虾显示出更规律的摄食行为，减少了夜间过度活动，从而提高了饲料转化率和生存率。通过这种自动化的光照控制，不仅可以提高养殖效率和产量，还有助于实现可持续养殖，减少对环境的影响。这显示了昼夜节律在养殖自动化和智能化应用中的重要价值和潜力。

（二）温度管理与昼夜节律的同步

智能化技术在养殖水体的温度管理中发挥着至关重要的作用，特别是当与昼夜节律的变化同步时，可以显著优化虾蟹的生长环境。通过精准控制水温，可以模拟自然环境中温度随时间的变化，从而满足虾蟹在不同生长阶段的需求。使用自动化温控系统，利用温度传感器和自动调节器，可以实时监测和调整养殖池的水温，确保其与虾蟹的生物节律同步。这种系统可以根据设定的程序自动增温或降温，模拟日夜及季节性的温度变化。同时，智能化温控系统可以调整水温，以模仿自然环境中昼夜变化的温度差异，例如，夜间降低水温以模拟自然夜晚的凉爽环境。

（三）智能饲喂系统与昼夜节律

智能饲喂系统的运用结合昼夜节律知识，可以极大地优化饲喂策略，提高饲料利用率，减少浪费，并对养殖密度和水质产生积极影响。通过结合昼夜节律知识，智能饲喂系统可以在虾蟹最活跃的时间段自动进行饲喂，这通常是光照时间或刚入夜后的几个小时内。这种做法确保饲料在虾蟹最饿、最活跃的时候被提供，从而提高饲料摄取率和消化效率。同时，利用智能饲喂系统能够准确评估虾蟹的不同生长阶段、体重，并适时调整饲料量和饲喂频率。系统通过收集的数据分析确定最佳饲喂策略，确保饲料供应既满足生长需求，又避免过量。

通过精确控制饲喂时间和量，智能饲喂系统减少了未被消耗的饲料，降低了饲料浪费。这不仅经济高效，还有助于减少池塘底部积累的未食用饲料，从而减少有机物负荷。同时，智能饲喂使得饲料分配更均匀，每只虾蟹都能获取足够的饲料，这有助于维持较高的养殖密度而不增加疾病和死亡率。此外，均匀的饲喂减少了竞争和应激，对虾蟹的整体健康有益。

（四）数据驱动的养殖管理

数据驱动的养殖管理是现代精准养殖的核心，特别是当结合昼夜节律模型时，可以极大地优化养殖决策和管理。实时数据监测和分析为养殖提供了强大的工具，以科学的方式指导养殖实践，并有效预测和应对养殖风险。通过利用各种传感器和监测设备，可以实时收集养殖池的水质参数（如温度、溶解氧、pH 值）、光照强度、虾蟹的活动和饲喂行为等数据。这些数据对于理解昼夜节律对虾蟹行为和生理状态的影响至关重要。同时，利用收集到的实时数据，并结合昼夜节律模型，养殖者可以更好地理解虾蟹在不同时间段的行为和生理需求。这种理解有助于优化饲喂时间、光照管理和温度控制，以符合虾蟹的自然生理节律。

通过以上的预测养殖风险与优化管理，可以识别养殖过程中的异常模式和潜在风险，如突发的水质变化、虾蟹健康问题或外界环境的影响。及早识别这些风险可以帮助养殖者及时采取措施，减少潜在损失。并且，数据驱动的分析可以用于优化养殖的生产计划，包括确定最佳的养殖密度、饲喂策略和收获时间。通过预测生长趋势和生产结果，养殖者可以更有效地规划资源使用和生产活动。

第四节 昼夜节律研究对虾蟹养殖捕捞的应用

养殖虾蟹的捕捞与节律紧密相关，合理安排捕捞时间可以显著提高捕捞效率，减少对虾蟹造成的应激，保证良好的肉质和高存活率。昼夜节律作为虾蟹行为和生理活动的重要调节因素，对确定最佳捕捞时机至关重要。昼夜节律研究对虾蟹养殖捕捞的应用是一个创新领域，它揭示了如何通过理解和利用生物的自然行为模式来优化捕捞策略，从而提高养殖效率和产量。通过对虾蟹昼夜活动模式的深入了解，养殖者可以选择最佳的捕捞时机，减少捕捞过程中的应激和损伤，保证捕获的质量和数量。这种基于昼夜节律的捕捞管理不仅提高了经济效益，也促进了养殖业的可持续发展，为实现更高效和环境友好的养殖捕捞方法提供了新思路。

一、昼夜节律对捕捞的影响

虾蟹的生理机制使它们在夜间或黎明时分更加活跃。这种模式通常与它们避免白天捕食者的行为和寻找食物的需求相关联。在夜间，水温较低，虾蟹更倾向于离开藏身处寻找食物和进行社交活动。利用虾蟹在夜间活动增强的特性，可以在这些时段进行捕捞，以提高捕捞效率。夜间或黎明时分捕捞时，虾蟹更容易接近水面或出现在易捕捞的区域，从而减少捕捞过程中的劳动强度和时间成本。

二、昼夜节律对捕捞策略优化

与昼夜节律同步的捕捞可以减轻虾蟹的应激反应。应激反应会引起虾蟹体内多种生理变化，包括激素水平波动、能量消耗增加和免疫功能下降。这些变化可能导致虾蟹易感染疾病，生长速度减慢，甚至死亡率增加。高应激水平会影响虾蟹的肌肉质地和味道，可能导致肉质变差。此外，应激反应的生理负担会减少虾蟹的存活率，影响养殖效益。了解虾蟹的昼夜活动模式后，可以选择在它们自然休息或活动较少的时段进行捕捞，这样可以大大减少捕捞过程中引起的应激。例如，在早晨开始活动前或夜间活动结束后的时间段捕捞。与虾蟹的昼夜节律同步的捕捞不仅减少了它们的应激反应，还能减少捕捞过程中的物理损伤，如刮伤或碰撞，从而保护虾蟹的完整性和健康。

第五节 昼夜节律在虾蟹养殖中应用前景

一、昼夜节律在虾蟹养殖中的多重应用

昼夜节律的综合应用在虾蟹养殖中发挥了关键作用，不仅促进了生物生长和健康，还实现了养殖过程的可持续性和经济效益的提升。通过对虾蟹自然生物节律的深入理解和科学管理，养殖者能够精确调控环境因素，如光照、温度和饲喂，以匹配生物的生理需求和行为习性。这种方法优化了生长速率和生产力，同时减少了资源浪费和环境影响。

在自动化和智能化技术的支持下，昼夜节律的应用更加精确和高效，使得实时监控和数据驱动的决策成为可能。这不仅提高了养殖效率，也增强了对环境变化和养殖风险的适应能力。例如，智能饲喂系统能够根据昼夜节律调整饲喂时机和饲喂量，最大化饲料利用率，而智能光照控制则能模拟自然光照模式，提供适宜的生长环境。昼夜节律的考虑对于制定有效的捕捞策略至关重要。合理安排捕捞时间不仅可以提高捕捞效率，减少劳动成本，还能减轻虾蟹的应激反应，保护其福利，从而直接影响养殖产品的质量和市场价值。

昼夜节律在虾蟹养殖中的应用是一个多维度的策略，涵盖了生物学、环境科学和经济学等多个领域。它不仅关乎生物的生长和健康，也关系到养殖效率、环境可持续性和经济收益。随着科学研究的深入和技术的进步，昼夜节律的应用将继续促进虾蟹养殖业向更高效、更可持续的方向发展。

二、昼夜节律管理对虾蟹养殖业的潜在益处

昼夜节律管理对虾蟹养殖业的潜在益处是多方面的，它不仅能够提高养殖效率和产品质量，还有助于实现养殖业的可持续发展。通过模拟自然的昼夜变化，昼夜节律管理优化了虾蟹的生长环境，促进其健康发育，增加了产量同时降低了疾病发生率。智能化的昼夜节律管理系统能够精确调控光照、温度和饲喂，使资源利用效率最大化，减少能源消耗和饲料浪费。此外，合理的捕捞时间选择，基于虾蟹的生物节律，减少了捕捞过程中的应激反应，

保持了良好的肉质，提高了市场竞争力。综上所述，昼夜节律管理作为一种综合性的养殖策略，为提高虾蟹养殖业的经济效益和环境可持续性提供了强有力的支持。

三、未来研究和应用的方向

未来虾蟹养殖中昼夜节律应用的研究和实践，应当聚焦于更加深入地解析生物节律对虾蟹行为和生理过程的影响，同时探索创新技术在精准调控生态环境中的应用。深化对虾蟹昼夜节律调控机制的认识，例如通过分子生物学和基因组学研究，揭示调控节律的遗传和分子基础，将为定制化养殖策略提供科学依据。此外，结合生态学原理，研究昼夜节律如何与虾蟹的应激响应、疾病抵抗力和繁殖能力相互作用，有助于形成全面的生物管理策略。

技术创新方面，开发集成感应器、自动控制系统和数据分析软件的智能养殖平台，将实现对养殖环境和虾蟹行为的实时监控与动态管理。利用机器学习和人工智能技术分析大量养殖数据，可以预测养殖环境变化和虾蟹生长趋势，指导精细化管理决策。同时，探索可再生能源技术在养殖系统中的应用，如太阳能和生物能，可减少养殖活动的碳足迹，推动环境友好型养殖模式的发展。

在应用实践方面，推广跨学科合作模式，将生物学研究成果与现代工程技术相结合，开发适应不同养殖环境和生物需求的定制化昼夜节律管理方案。此外，加强与养殖业界的沟通交流，将研究成果转化为实际应用，不断优化养殖实践，提升产业竞争力。

参考文献

[1] Seidelmann P K，Hohenkerk C Y. The History of Celestial Navigation [M] . Switzerland：Springer Cham，2020.

[2] Brown R D. Review of revolution in time：Clocks and the making of the modern world [M] // LANDES D S. The American Historical Review. [Oxford University Press，American Historical Association] . 1984：1052-1054.

[3] Walker M P. The role of sleep in cognition and emotion [J] . 2009，1156 (1)：168-197.

[4] Oppenheimer H R. Observations botaniques dans des orangeraies abandonnées [J] . Vegetatio，1961，10 (3)：247-256.

[5] Kumar V. Biological timekeeping：clocks，rhythms and behaviour [M] . India：Springer，2017.

[6] Saper C B，Chou T C，Scammell T. The sleep switch：hypothalamic control of sleep and wakefulness [J] . Trends in neurosciences，2001，24 (12)：726-731.

[7] Takahashi J S. Circadian rhythms：From gene expression to behavior [J] . Current Opinion in Neurobiology，1991，1 (4)：556-561.

[8] Roenneberg T，Merrow M. The circadian clock and human health [J] . Current biology，2016，26 (10)：432-443.

[9] Fingerman M，Lowe M E，Mobberly JR. W C. Environmental factors involved in setting the phases of tidal rhythm of color change in the fiddler crabs *Uca pugilator* and *Uca minax* [J]. Limnology and Oceanography，1958，3 (3)：271-282.

[10] 梁祖霞．招潮蟹和它的生物钟 [J] . 科学之友，1994，11：18.

[11] Noonin C，Watthanasurorot A，Winberg S，et al. Circadian regulation of melanization and prokineticin homologues is conserved in the brain of freshwater crayfish and zebrafish [J] . Developmental & Comparative Immunology，2013，40 (2)：218-226.

[12] Fanjul-Moles M L，Miranda-Anaya M，Fuentes-Pardo B. Effect of monochromatic light upon the erg crcadian rhythm during ontogeny in crayfish (*Procambarus clarkii*) [J] . Comparative Biochemistry and Physiology Part A：Physiology，1992，102 (1)：99-106.

[13] Fanjul-Moles M L，Escamilla-Chimal E G，Salceda R，et al. Circadian modulation of crustacean hyperglycemic hormone in crayfish eyestalk and retina [J] . Chronobiology International，2010，27 (1)：34-51.

[14] de Azevedo Carvalho D，Collins P A，De Bonis C J. The diel feeding rhythm of the freshwater crab *Trichodactylus borellianus* (Decapoda：Brachyura) in mesocosm and natural conditions [J] . Marine and Freshwater Behaviour and Physiology，2013，46 (2)：89-104.

[15] Koussovi G，Niass F，Allozounhoue C J，et al. Diet，ontogenetic changes and rhythm of feeding activities in *Macrobrachium macrobrachion* (Herklots，1851) (Decapoda，Palaemonidae) in the waterbodies and rivers of Benin，West Africa [J] . Crustaceana，2020，93 (9-10)：999-1021.

[16] Maciel C R，New M B，Valenti W C. The predation of artemia nauplii by the larvae of the Amazon River Prawn，*Macrobrachium amazonicum*（Heller，1862），is affected by prey density，time of day，and ontogenetic development [J]. Journal of the World Aquaculture Society，2012，43（5）：659-669.

[17] Xu Y，Huang Z，Zhang B，et al. Intestinal bacterial community composition of juvenile Chinese mitten crab *Eriocheir sinensis* under different feeding times in lab conditions [J]. Scientific Reports，2022，12（1）：e22206.

[18] Pfenning-Butterworth A C，Amato K，Cressler C E. Circadian rhythm in feeding behavior of *Daphnia dentifera* [J]. Journal of biological rhythms，2021，36（6）：589-594.

[19] Makino W，Haruna H，Ban S. Diel vertical migration and feeding rhythm of *Daphnia longispina* and *Bosmina corexoni* in Lake Toya，Hokkaido，Japan [J]. Hydrobiologia，1996，337（1）：133-143.

[20] HART R C. Feeding rhythmicity in a migratory copepod（*Pseudodiaptomus hessei*（Mrázek））[J]. Freshwater Biology，1977，7（1）：1-8.

[21] BARNWELL F H. Daily and tidal patterns of activity in individual fiddler crab（Genus *Uca*）from the Woods Hole region [J]. The Biological Bulletin，1966，130（1）：1-17.

[22] Bas C，Lancia J P，Luppi T，et al. Influence of tidal regime，diurnal phase，habitat and season on feeding of an intertidal crab [J]. Marine ecology，2014，35（3）：319-331.

[23] Lewis T L，Mews M，Jelinski D E，et al. Detrital subsidy to the supratidal zone provides feeding habitat for intertidal crabs [J]. Estuaries and Coasts，2007，30（3）：451-458.

[24] Batie R E J N s. Rhythmic locomotor activity in the intertidal shorecrab *Hemigrapsus oregonensis*（Brachyura，Grapsidae）from the Oregon Coast [J]. Northwest science，1983，57（1）：49-56.

[25] Reid D G. The diurnal modulation of the circatidal activity rhythm by feeding in the isopod *Eurydice pulchra* [J]. Marine Behaviour and Physiology，1988，6：273-285.

[26] Silva A C F，Hawkins S J，Boaventura D M，et al. Use of the intertidal zone by mobile predators：influence of wave exposure，tidal phase and elevation on abundance and diet [J]. Marine Ecology Progress Series，2010，406：197-210.

[27] Bulla M，Oudman T，Bijleveld A I，et al. Marine biorhythms：bridging chronobiology and ecology [J]. Philosophical Transactions of the Royal Society B：Biological Sciences，2017，372（1734）：e20160253.

[28] Aguzzi J，Sardà F. A history of recent advancements on *Nephrops norvegicus* behavioral and physiological rhythms [J]. Reviews in Fish Biology and Fisheries，2008，18（2）：235-248.

[29] Nuñez J D，Sbragaglia V，García J A，et al. First laboratory insight on the behavioral rhythms of the bathyal crab *Geryon longipes* [J]. Deep Sea Research Part I：Oceanographic Research Papers，2016，116：165-173.

[30] Daro M H. Feeding rhythms and vertical distribution of marine copepods [J]. Bulletin of Marine Science，1985，37（2）：487-497.

[31] Olivares M, Calbet A, Saiz E. Effects of multigenerational rearing, ontogeny and predation threat on copepod feeding rhythms [J]. Aquatic Ecology, 2020, 54 (3): 697-709.

[32] Reymond H, Lagardère J P. Feeding rhythms and food of *Penaeus japonicus* bate (crustacea, penaeidae) in salt marsh ponds; role of halophilic entomofauna [J]. Aquaculture, 1990, 84 (2): 125-143.

[33] Robertson L, Wrence A L L, Castille F L. Effect of feeding frequency and feeding time on growth of *Penaeus vannamei* (Boone) [J]. Aquaculture Research, 1993, 24 (1): 1-6.

[34] Soares R, Peixoto S, Wasielesky W, et al. Feeding rhythms and diet of Farfantepenaeus paulensis under pen culture in *Patos Lagoon* estuary, Brazil [J]. Journal of Experimental Marine Biology and Ecology, 2005, 322 (2): 167-176.

[35] Focken U, Groth A, Coloso R M, et al. Contribution of natural food and supplemental feed to the gut content of *Penaeus monodon* Fabricius in a semi-intensive pond system in the Philippines [J]. Aquaculture, 1998, 164 (1): 105-116.

[36] Silva P F, Medeiros M d S, Silva H P A, et al. A study of feeding in the shrimp *Farfantepenaeus subtilis* indicates the value of species level behavioral data for optimizing culture management [J]. Marine and Freshwater Behaviour and Physiology, 2012, 45 (2): 121-134.

[37] Santos A D A, López-Olmeda J F, Sánchez-Vázquez F J, et al. Synchronization to light and mealtime of the circadian rhythms of self-feeding behavior and locomotor activity of white shrimps (*Litopenaeus vannamei*) [J]. Comparative Biochemistry and Physiology Part A: Molecular & Integrative Physiology, 2016, 199: 54-61.

[38] Sanudin N, Tuzan A D, Yong A S K. Feeding activity and growth performance of shrimp post larvae *Litopenaeus vannamei* under light and dark condition [J]. Journal of Agricultural Science, 2014, 6 (11): 103-109.

[39] Calado R, Dionísio G, Bartilotti C, et al. Importance of light and larval morphology in starvation resistance and feeding ability of newly hatched marine ornamental shrimps *Lysmata* spp. (Decapoda: Hippolytidae) [J]. Aquaculture, 2008, 283 (1): 56-63.

[40] Douglass J K, Wilson J H, Forward Jr R B. A tidal rhythm in phototaxis of larval grass shrimp (*Palaemonetes pugio*) [J]. Marine Behaviour and Physiology, 1992, 19 (3): 159-173.

[41] Oishi K, Saigusa M. Rhythmic patterns of abundance in small sublittoral crustaceans: variety in the synchrony with day/night and tidal cycles [J]. Marine Biology, 1999, 133 (2): 237-247.

[42] Miranda-Anaya M, Ramírez-Lomelí E, Carmona-Alcocer V P, et al. Circadian locomotor activity under artificial light in the freshwater crab *Pseudothelphusa americana* [J]. Biological Rhythm Research, 2003, 34 (5): 447-458.

[43] Miranda-Anaya M, Barrera-Mera B, Ramírez-Lomelí E. Circadian locomotor activity rhythm in the freshwater crab *Pseudothelphusa americana* (De Saussure, 1857): effect of eyestalk ablation [J].

Biological Rhythm Research，2003，34（2）：167-176.

［44］ Miranda-Anaya M. Circadian locomotor activity in freshwater decapods：An ecological approach［J］. Biological Rhythm Research，2004，35（1-2）：69-78.

［45］ Pasquali V. Locomotor activity rhythms in high arctic freshwater crustacean：*Lepidurus arcticus*（Branchiopoda：Notostraca）［J］. Biological Rhythm Research，2015，46（3）：453-458.

［46］ Fanjul-moles M L，Miranda-anaya M，Prieto J. Circadian locomotor activity rhythm during ontogeny in crayfish *Procambarus clarkii*［J］. Chronobiology International，1996，13（1）：15-26.

［47］ Davenport J. Observations on the ecology，behaviour，swimming mechanism and energetics of the neustonic grapsid crab，*Planes minutus*［J］. Journal of the Marine Biological Association of the United Kingdom，1992，72（3）：611-620.

［48］ Hilário A，Vilar S，Cunha M R，et al. Reproductive aspects of two bythograeid crab species from hydrothermal vents in the Pacific-Antarctic Ridge［J］. Marine Ecology Progress Series，2009，378：153-160.

［49］ Gravinese P M. Ocean acidification impacts the embryonic development and hatching success of the Florida stone crab，*Menippe mercenaria*［J］. Journal of Experimental Marine Biology and Ecology，2018，500：140-146.

［50］ Hicks J. The breeding behaviour and migrations of the terrestrial crab *Gecarcoidea natalis*（Decapoda：Brachyura）［J］. 1985，33（2）：127-142.

［51］ Shinozaki-Mendes R A，Silva J R F，Santander-Neto J，et al. Reproductive biology of the land crab *Cardisoma guanhumi*（Decapoda：Gecarcinidae）in north-eastern Brazil［J］. Journal of the Marine Biological Association of the United Kingdom，2013，93（3）：761-768.

［52］ Kanciruk P，Herrnkind W. Mass migration of spiny lobster，*Panulirus argus*（Crustacea：Palinuridae）：behavior and environmental correlates［J］. Bulletin of Marine Science，1978，28（4）：601-623.

［53］ Rimmer D W，Phillips B F. Diurnal migration and vertical distribution of phyllosoma larvae of the western rock lobster *Panulirus cygnus*［J］. Marine Biology，1979，54（2）：109-124.

［54］ Bourdiol J，Chou C C，Perez D M，et al. Investigating the role of a mud structure in a fiddler crab：do semidomes have a reproductive function?［J］. Behavioral Ecology and Sociobiology，2018，72（9）：e141.

［55］ 毕虻，李浩秀，李伟荣．生物钟基因与脂质代谢紊乱［J］．生命的化学，2023，43（6）：816-820.

［56］ 张虎，梁计陵，蒋留军，等．植物次生代谢产物对哺乳动物生物钟的调节作用［J］．生命科学，2020，32（6）：558-565.

［57］ 倪银华，吴涛，王露，等．肾上腺糖皮质激素与生物钟基因表达调控的相关研究进展［J］．遗传，2008，30（2）：135-141.

[58] Wang X，Li E，Chen L. A review of carbohydrate nutrition and metabolism in crustaceans [J] . North American Journal of Aquaculture，2016，78 (2)：178-187.

[59] 李少菁，汤鸿，王桂忠．锯缘青蟹幼体消化酶活力昼夜节律的实验研究 [J] . 厦门大学学报（自然科学版），2000，06：831-836.

[60] 潘鲁青，刘泓宇，肖国强．甲壳动物幼体消化酶研究进展 [J] . 中国水产科学，2006，3：492-501.

[61] García-Rodríguez L D，Sainz-Hernández J C，Aguiñaga-Cruz J A，et al. Enzymatic activity in the shrimp *Penaeus vannamei* fed at different feeding frequencies [J] . Latin american journal of aquatic research，2021，49 (2)：280-288.

[62] Xie S，Liu R，Zhang H，et al. Comparative analyses of the *Exopalaemon carinicauda* gut bacterial community and digestive and immune enzyme activity during a 24-hour cycle [J] . Microorganisms，2022，10 (11)：e2258.

[63] 张恒．基于多组学技术解析中华锯齿米虾的昼夜节律调控机制 [D] . 大连：大连海洋大学，2023.

[64] Espinosa-Chaurand D，Vega-Villasante F，Carrillo-Farnés O，et al. Effect of circadian rhythm，photoperiod，and molt cycle on digestive enzymatic activity of *Macrobrachium tenellum* juveniles [J] . Aquaculture，2017，479：225-232.

[65] Stumpf L，Calvo N S，Díaz F C，et al. Effect of intermittent feeding on growth in early juveniles of the crayfish *Cherax quadricarinatus* [J] . Aquaculture，2011，319 (1)：98-104.

[66] 杨济芬，朱冬发，沈建明，等．甲壳动物高血糖激素家族生理功能研究进展 [J] . 动物学杂志，2009，44 (1)：8.

[67] Kallen J L，Abrahamse S L，Herp F V. Circadian rhythmicity of the crustacean hyperglycemic hormone (CHH) in the hemolymph of the crayfish [J] . The Biological Bulletin，1990，179 (3)：351-357.

[68] Escamilla-Chimal E G，Van Herp F，Fanjul-Moles M-L. Daily variations in crustacean hyperglycaemic hormone and serotonin immunoreactivity during the development of crayfish [J] . Journal of Experimental Biology，2001，204 (6)：1073-1081.

[69] KALLEN J L，RIGIANI N R，TROMPENAARS H J A J. Aspects of entrainment of CHH cell activity and hemolymph glucose levels in crayfis [J] . The Biological Bulletin，1988，175 (1)：137-143.

[70] Gorgels-Kallen J L，Voorter C E M. Secretory stages of individual CHH-producing cells in the eyestalk of the crayfish *Astacus leptodactylus*，determined by means of immunocytochemistry [J] . Cell and Tissue Research，1984，237 (2)：291-298.

[71] Gorgels-Kallen J L，Voorter C E M. The secretory dynamics of the CHH-producing cell group in the eyestalk of the crayfish，*Astacus leptodactylus*，in the course of the day/night cycle [J] . Cell and Tissue Research，1985，241 (2)：361-366.

[72] 王想，任宪云，绳秀珍，等．不同光照周期对日本囊对虾生长，蜕皮和糖代谢的影响 [J] . 渔业科学进展，2020，46 (6)：66-73.

[73] Aréchiga H, Rodríguez-Sosa L. Distributed circadian rhythmicity in the crustacean nervous system [M] . Berlin, Heidelberg: Springer Berlin Heidelberg, 2002.

[74] Su M, Zhang X, Yuan J, et al. The role of insulin-like peptide in maintaining hemolymph glucose homeostasis in the pacific white shrimp *Litopenaeus vannamei* [J] . International Journal of Molecular Sciences, 2022, 23 (6): e3268.

[75] Sainath S, Swetha C, Reddy P S. What do we (need to) know about the melatonin in crustaceans? [J] . Journal of Experimental Zoology Part A: Ecological Genetics Physiology, 2013, 319 (7): 365-377.

[76] Tilden A, McGann L, Schwartz J, et al. Effect of melatonin on hemolymph glucose and lactate levels in the fiddler crab *Uca pugilator* [J] . Journal of Experimental Zoology Part A: Ecological Genetics, 2001, 290 (4): 379-383.

[77] Sainath S, Reddy P S. Evidence for the involvement of selected biogenic amines (serotonin and melatonin) in the regulation of molting of the edible crab, *Oziotelphusa senex* senex Fabricius [J] . Aquaculture, 2010, 302 (3-4): 261-264.

[78] Carter C, Mente E. Protein synthesis in crustaceans: a review focused on feeding and nutrition [J] . Open Life Sciences, 2014, 9 (1): 1-10.

[79] El Haj A J, Houlihan D F. In vitro and in vivo protein synthesis rates in a crustacean muscle during the moult cycle [J] . Journal of Experimental Biology, 1987, 127 (1): 413-426.

[80] Houlihan D F, Waring C P, Mathers E, et al. Protein synthesis and oxygen consumption of the shore crab *Carcinus maenas* after a meal [J] . Physiological Zoology, 1990, 63 (4): 735-756.

[81] Hernandez-Cortes P, Quadros-Seiffert W, del Toro M A N, et al. Rate of ingestion and proteolytic activity in digestive system of juvenile white shrimp, *Penaeus vannamei*, during continual feeding [J] . Journal of Applied Aquaculture, 1999, 9 (1): 35-45.

[82] Teschke M, Wendt S, Kawaguchi S, et al. A circadian clock in Antarctic krill: an endogenous timing system governs metabolic output rhythms in the euphausid species *Euphausia superba* [J] . PLOS ONE, 2011, 6 (10): e26090.

[83] Sinturel F, Spaleniak W, Dibner C. Circadian rhythm of lipid metabolism [J] . Biochemical Society transactions, 2022, 50 (3): 1191-1204.

[84] Wade N M, Gabaudan J, Glencross B D. A review of carotenoid utilisation and function in crustacean aquaculture [J] . Reviews in Aquaculture, 2017, 9 (2): 141-156.

[85] da Silva-Castiglioni D, Kaiser Dutra B, Oliveira G T, et al. Seasonal variations in the intermediate metabolism of *Parastacus varicosus* (Crustacea, Decapoda, Parastacidae) [J] . Comparative Biochemistry and Physiology Part A: Molecular & Integrative Physiology, 2007, 148 (1): 204-213.

[86] Vinagre A S, Nunes do Amaral A P, Ribarcki F P, et al. Seasonal variation of energy metabolism in ghost crab *Ocypode quadrata* at Siriú Beach (Brazil) [J] . Comparative Biochemistry and Physiology Part A: Molecular & Integrative Physiology, 2007, 146 (4): 514-519.

[87] Buckup L, Dutra B K, Ribarcki F P, et al. Seasonal variations in the biochemical composition of the crayfish *Parastacus defossus* (Crustacea, Decapoda) in its natural environment [J]. Comparative Biochemistry and Physiology Part A: Molecular & Integrative Physiology, 2008, 149 (1): 59-67.

[88] Gooley J. Circadian regulation of lipid metabolism [J]. Proceedings of the Nutrition Society, 2016, 75 (4): 440-450.

[89] Chen S, Liu J, Shi C, et al. Effect of photoperiod on growth, survival, and lipid metabolism of mud crab *Scylla paramamosain* juveniles [J]. Aquaculture, 2023, 567: e739279.

[90] Pan X, Mota S, Zhang B. Circadian clock regulation on lipid metabolism and metabolic diseases [M] //JIANG X-C. Lipid transfer in lipoprotein metabolism and cardiovascular disease. Singapore: Springer Singapore. 2020: 53-66.

[91] Xu Y, Zhang B, Yu C, et al. Comparative transcriptome analysis reveals the effects of different feeding times on the hepatopancreas of Chinese mitten crabs [J]. Chronobiology International, 2023, 40 (5): 569-580.

[92] Halberg F, Johnson E A, Brown B W, et al. Susceptibility rhythm to *E. coli* endotoxin and bioassay [J]. Proceedings of the Society for Experimental Biology and Medicine, 1960, 103 (1): 142-144.

[93] Feigin R D, Joaquin V H S, Haymond M W, et al. Daily periodicity of susceptibility of mice to pneumococcal infection [J]. Nature, 1969, 224 (5217): 379-380.

[94] Fernandes G, Halberg F, Yunis E J, et al. Circadian rhythmic plaque-forming cell response of spleens from mice immunized with SRBC [J]. The Journal of Immunology, 1976, 117 (3): 962-966.

[95] Ruiz S, Ferreiro M J, Menhert K I, et al. Rhythmic changes in synapse numbers in Drosophila melanogaster motor terminals [J]. Plos One, 2013, 8 (6): e67161.

[96] Tsoumtsa L L, Torre C, Ghigo E. Circadian control of antibacterial immunity: findings from animal models [J]. Frontiers in cellular infection microbiology, 2016, 6: e54.

[97] Dong C, Bai S, Du L. Temperature regulates circadian rhythms of immune responses in red swamp crayfish *Procambarus clarkii* [J]. Fish & Shellfish Immunology, 2015, 45 (2): 641-647.

[98] Watthanasurorot A, Söderhäll K, Jiravanichpaisal P, et al. An ancient cytokine, astakine, mediates circadian regulation of invertebrate hematopoiesis [J]. Cellular and Molecular Life Sciences, 2011, 68 (2): 315-323.

[99] Liang G-F, Liang Y, Xue Q, et al. Astakine LvAST binds to the β subunit of F1-ATP synthase and likely plays a role in white shrimp *Litopeneaus vannamei* defense against white spot syndrome virus [J]. Fish & Shellfish Immunology, 2015, 43 (1): 75-81.

[100] Wen Q, Wang W, Shi L, et al. Molecular and functional characterization of an astakine cDNA from the giant freshwater prawn *Macrobrachium rosenbergii* [J]. Aquaculture Reports, 2022, 24: e101165.

[101] Noonin C, Lin X, Jiravanichpaisal P, et al. Invertebrate hematopoiesis: an anterior proliferation center as a link between the hematopoietic tissue and the brain [J] . Stem Cells and Development, 2012, 21 (17): 3173-3186.

[102] She Q, Han Z, Liang S, et al. Impacts of circadian rhythm and melatonin on the specific activities of immune and antioxidant enzymes of the Chinese mitten crab (*Eriocheir sinensis*) [J] . Fish & Shellfish Immunology, 2019, 89: 345-353.

[103] Cai M, Liu Z, Yu P, et al. Circadian rhythm regulation of the oxidation - antioxidant balance in *Daphnia pulex* [J] . Comparative Biochemistry and Physiology Part B: Biochemistry and Molecular Biology, 2020, 240: e110387.

[104] Zhang B, Yu C, Xu Y, et al. Hepatopancreas immune response during different photoperiods in the Chinese mitten crab, *Eriocheir sinensis* [J] . Fish & Shellfish Immunology, 2023, 132: e108482.

[105] Rund S S C, Yoo B, Alam C, et al. Genome-wide profiling of 24 hr diel rhythmicity in the water flea, *Daphnia pulex*: network analysis reveals rhythmic gene expression and enhances functional gene annotation [J] . BMC Genomics, 2016, 17 (1): e653.

[106] Jiao L, Dai T, Tao X, et al. Influence of light/dark cycles on body color, hepatopancreas metabolism, and intestinal microbiota homeostasis in *Litopenaeus vannamei* [J] . Frontiers in Marine Science, 2021, 8: e750384.

[107] Sirikharin R, Junkunlo K, Söderhäll K, et al. Role of astakine1 in regulating transglutaminase activity [J] . Developmental & Comparative Immunology, 2017, 76: 77-82.

[108] Yu C, Zhang B, Zhang Z, et al. Comparative transcriptome analysis reveals the impact of the daily rhythm on the hemolymph of the Chinese mitten crab (*Eriocheir sinensis*) [J] . Chronobiology International, 2022, 39 (6): 805-817.

[109] Yu C, Huang Z, Xu Y, et al. Deep sequencing of microRNAs reveals circadian-dependent microRNA expression in the eyestalks of the Chinese mitten crab *Eriocheir sinensis* [J] . Scientific Reports, 2023, 13 (1): e5253.

[110] Ding J, Chen P, Qi C. Circadian rhythm regulation in the immune system [J] . Immunology, 2024, 171 (4): 525-533.

[111] Yang X, Song X, Zhang C, et al. Effects of dietary melatonin on hematological immunity, antioxidant defense and antibacterial ability in the Chinese mitten crab, *Eriocheir sinensis* [J] . Aquaculture, 2020, 529: e735578.

[112] Yu C, Li L, Jin J, et al. Comparative analysis of gut bacterial community composition during a single day cycle in Chinese mitten crab (*Eriocheir sinensis*) [J] . Aquaculture Reports, 2021, 21: e100907.

[113] Zhang H, Li Y, Liu Q. Influences of the diurnal cycle on gut microbiota in the Chinese swamp shrimp (*Neocaridina denticulata*) [J] . Biological Rhythm Research, 2023, 54 (2): 186-198.

[114] Ding Z, Cao M, Zhu X, et al. Changes in the gut microbiome of the Chinese mitten crab (*Eriocheir sinensis*) in response to White spot syndrome virus (WSSV) infection [J] .

Journal of Fish Diseases, 2017, 40 (11): 1561-1571.

[115] Zhang B, Yu C, Xu Y, et al. Impacts of light on gut microbiota in Chinese mitten crab (*Eriocheir sinensis*) [J]. Biological Rhythm Research, 2023, 54 (2): 141-152.

[116] Yang Y, Callaham M A, Wu X, et al. Gut microbial communities and their potential roles in cellulose digestion and thermal adaptation of earthworms [J]. Science of The Total Environment, 2023, 903: e166666.

[117] Li Y, Han Z, She Q, et al. Comparative transcriptome analysis provides insights into the molecular basis of circadian cycle regulation in *Eriocheir sinensis* [J]. Gene, 2019, 694: 42-49.

[118] Nie X, Huang C, Wei J, et al. Effects of photoperiod on survival, growth, physiological, and biochemical indices of redclaw crayfish (*Cherax quadricarinatus*) juveniles [J]. Animals, 2024, 14 (3): e411.